压力容器定期检验中风险识别与控制

RISK IDENTIFICATION AND CONTROL
IN REGULAR INSPECTION OF PRESSURE VESSELS

梁俊杰 著

顾问：杨刘平　俞　翔
审核：王玉林　曹彬彬

哈尔滨出版社
HARBIN PUBLISHING HOUSE

图书在版编目（CIP）数据

压力容器定期检验中风险识别与控制 / 梁俊杰著.
哈尔滨 : 哈尔滨出版社, 2025.3. -- ISBN 978-7-5484-8412-7

Ⅰ.TH49

中国国家版本馆CIP数据核字第2025BH8784号

书　　名：压力容器定期检验中风险识别与控制
YALIRONGQI DINGQI JIANYAN ZHONG FENGXIANSHIBIE YU KONGZHI

作　　者：梁俊杰　著
责任编辑：刘　硕
封面设计：树上微出版

出版发行：哈尔滨出版社（Harbin Publishing House）
社　　址：哈尔滨市香坊区泰山路82-9号　　邮编：150090
经　　销：全国新华书店
印　　刷：武汉市卓源印务有限公司
网　　址：www.hrbcbs.com
E-mail：hrbcbs@yeah.net
编辑版权热线：（0451）87900271　87900272

开　　本：880mm×1230mm　1/32　　印张：8　　字数：141千字
版　　次：2025年3月第1版
印　　次：2025年3月第1次印刷
书　　号：ISBN 978-7-5484-8412-7
定　　价：48.00元

凡购本社图书发现印装错误，请与本社印制部联系调换。
服务热线：（0451）87900279

序 言
PREFACE

随着工业化的发展，越来越多的压力容器被投入生产领域。截至2023年年底，全国登记注册的在用压力容器共计530多万台，而且每年以20多万台的数量迅速增长。基数如此庞大的压力容器，即使以极低的概率发生事故，都会给社会造成较大的财产损失。在确保检验安全的同时，提高检验效能，不但是企业安全、连续生产的保障，也是社会对高质量发展的必然要求。检验理念直接决定了检验效能和检验的安全性。不同的检验理念，对检验效能和检验风险的控制有着极大的区别。目前，压力容器的定期检验有两种重要的检验理念，它们各有优缺点，在自己的领域指导着压力容器的定期检验工作。由于我国化工工业的发展特点，大部分的压力容器定期检验还是基于损伤的检验。这种检验理念成熟、灵活，但也存在诸多局限。也正是这些局限造成了检验成本的增加和检验有效性的降低。如何提高基于损伤检验的检验效能和检验安全，正是本书要解决的问题。

本书第一章介绍了当前压力容器发展的新趋势、新特点以及压力容器定期检验工作面临的新形势、新问题。

第二章讲解了目前两种压力容器检验理念各自适用的场景及对比。结合实际检验案例，重点介绍了基于损伤的检验存在的各种问题以及解决的基本思路，创新性地将风险意识引入基于损伤的检验中，有效解决了基于损伤检验的局限性问题。如何识别和控制压力容器基于损伤检验的风险，是本书要解决的核心问题。

风险识别是检验的首要内容。本书第三章、第四章结合检验实践，系统介绍了基于损伤的检验进行风险识别的原理和方法，有效解决了检验中的风险识别问题，大幅提高了检验的针对性。从新的视角，结合检验实例，深刻剖析了常见风险因素导致容器失效、损伤的机理，同时，阐述了这些因素对容器的整体风险水平及制订检验策略的影响。

风险控制是检验的最终目的。本书第五章重点讲解了基于损伤的检验控制风险的传统方法，并指出该方法的主要弊端。然后突破固有思维和模式，创新性地提出了风险控制的新思路、新方法。最后，详细介绍了制订检验策略的新途径，对检测方法进行了分类，提出了基于风险的特种设备管理的新模式。本书第六章详细介绍了各类典型容器如何通过识别风险和控制风险来制订具有针对性的检验策略，从而提高容器的检验安全性和检验效能。

本书是对压力容器检验经验的总结，从多学科、多角度，并结合大量的实际案例来讲解压力容器风险识别和控制的方法，不仅对压力容器的定期检验有较好的指导作用，还可以帮助企业建立起基于风险的压力容器管理体系，多维度控制容器的失效风险，确保压力容器的安全使用。

目录
CONTENTS

第一章　风险识别与控制总论 001
第一节　压力容器定期检验工作面临新形势 002
第二节　革新检验理念，引入风险意识 005
第三节　有效识别风险，才能控制和规避风险 008

第二章　压力容器定期检验理念 013
第一节　压力容器定期检验的两种理念 014
第二节　基于损伤的检验 015
第三节　基于风险的检验 033
第四节　两种检验理念的对比分析 039
第五节　基于损伤的检验应引入风险意识 041

第三章　压力容器定期检验的风险识别 047
第一节　风险识别的重要作用 049
第二节　如何有效地识别风险 053
第三节　如何准确判定容器的失效模式 073
第四节　如何准确识别容器的损伤模式 081

第四章　影响风险的常见因素 087
第一节　工况环境中的风险因素 088
第二节　压力容器固有的风险因素 127
第三节　使用管理中的危险因素 132

第五章　压力容器检验的风险控制 147
第一节　控制压力容器风险的传统手段 148
第二节　风险控制的基本思路 158
第三节　风险控制的新方法 160

第六章　典型容器的风险识别与控制 185
　　第一节　不断提高检验能力，做好检验工作 186
　　第二节　典型容器的风险识别与控制 191
参考文献 241

第一章
风险识别与控制总论

第一节　压力容器定期检验工作面临新形势

一、压力容器事故依然频发

近年来，为了保障压力容器的安全运行，国家相继颁布了《压力容器安全技术监察规程》《压力容器定期检验规则》《固定式压力容器安全技术监察规程》《特种设备使用管理规则》，并不断对其进行修订和完善。国家还专门成立了监察机构，对全国压力容器进行监管；成立了专业检验机构对压力容器定期进行检验，确保压力容器的检验安全；强制企业设置特种设备管理机构和相关管理人员，专门负责压力容器的使用管理，确保压力容器在使用期间的安全。在政府、检验机构、企业三方的共同努力下，压力容器事故得到了有效遏制，压力容器安全工作取得了有目共睹的成绩。尽管如此，压力容器安全工作仍然不可放松，每年依然还有安全事故发生。国家市场监督管理总局发布的统计数据显示，2021年压力容器事故7起，造成11人死亡；2022年压力容器事故7起，造成3人死亡；2023年压力容器事故1起，造成2人死亡。由此可见，压力容器定期检验工作依然任重道远，如何提高压力容器的检验安全，依然是今后的热点、难点问题。

二、压力容器越来越复杂，对定期检验工作提出新的挑战

压力容器的复杂性主要体现在结构的复杂性、介质的复杂性和材质的复杂性。为了适应现代工业的需要，容器越来越大、结构越来越复杂，有各种大型塔器、大型球罐，以及新式结构的大型换热器。这种结构上的新特点，导致了压力容器的不安定因素的急剧增加，对压力容器的检验提出了新挑战。压力容器介质的复杂性主要体现在介质的多样化和新颖化。新介质层出不穷，压力容器介质由原来的单一介质变化为多种介质共存，这导致容器的损伤模式识别越来越复杂，使检验的有效性和针对性面临新的挑战。为了适应介质的复杂性，各种新材质不断地被运用到压力容器上，没有历史损伤数据可以借鉴，只能在后续的不断检验中逐渐积累经验，这些都对压力容器的定期检验造成了新的挑战。

三、多种因素阻碍压力容器定期检验新理念、新技术的推广和普及

多年来，压力容器的大多数检验还是仅仅依靠一台测厚仪、一组渗透剂，老办法、老观念依然还在指导着大多数压力容器的定期检验工作，这与飞速发展的现代工业格格不入。压力容器定期检验的一线检验员好似中世纪的武斗士，一手拿着大刀，一手拿着长矛，在战场

上狂奔,这非常危险。很多新的检验理念和检测技术难以普及和推广,使得压力容器定期检验的手段非常单一,难以确保压力容器定期检验的安全。其原因主要有以下几个方面。

(1)企业不愿意支付高昂的检验费用,在举步维艰的经营情况下,企业很难再愿意支付高昂的检验费用。

(2)企业对新理念、新技术不理解。在压力容器定期检验中,企业认为不管用什么方法检验,只要便宜,只要提供报告就行,既然老办法可以,就没必要多花钱用新方法。

(3)检验新理念、新技术对检验人员的专业知识要求高。

比如合于使用评价,要求检验人员不但具有相关经验,还要具有断裂力学、有限元等相关的专业知识,这些专业知识的学习又具有较高的门槛,也不是一朝一夕就能学会的,要达到熟练应用的水平,则就更难了。

(4)检测新技术需要满足相关条件后,才能被运用于压力容器的定期检验中。一些检测技术的可靠性虽然已被证实,但是由于缺乏相关标准的支撑,或者单位资质和人员资质限制,无法被运用到压力容器的定期检验中。

正是这些原因阻碍了检验新理念、新技术的推广和普及,使压力容器定期检验的安全性的保障工作遇到了瓶颈。

第二节　革新检验理念，引入风险意识

一、基于损伤的检验存在局限性

目前压力容器定期检验的主要标准是《固定式压力容器安全技术监察规程》（下文简称《固容规》），其定期检验，仍然是基于损伤的检验，检验以"缺陷寻找"为导向，发现容器中所有的潜在缺陷，然后对缺陷分类评级，再确定是否允许使用。这种检验模式在简单高效的同时，也存在诸多的局限性。

（1）寻找出所有的缺陷难度非常大。在实际的定期检验中，经常受制于各种因素而无法对容器进行全面的缺陷寻找，某些部位的缺陷可能会被漏检。比如某些大型的塔器，高达100多米，容器本身只设置了有限的几个人孔，进行宏观检查或者无损检测，只能在人孔或者其附近进行，对于其他部位，由于安全问题，或者检验成本、检验周期的限制，无法进行检测。还有些没有设置人孔的容器，检验员无法进入内部，只能依靠内窥镜对容器内表面进行检测。由于检测手段的局限性，在这种情况下必然会有某些部位被漏检。

（2）即使寻找出了所有缺陷，有时可能还是无法

避免失效风险。以缺陷为导向的检验，使检验员习惯于在检验一台容器时首先想到的是怎么去测厚，怎么去做无损检测，而忽视了引起容器失效的各种因素，直接导致了检验的盲目性。同时，影响压力容器安全运行的因素众多，缺陷只是威胁压力容器安全运行的其中一个因素，一些非缺陷性的因素依然可能危及压力容器的安全运行。有些缺陷在检验的当时不存在，但在后续的使用中陆续出现，这也会危及压力容器的安全运行。

基于损伤的检验规定了各种检验项目，根据缺陷的性质判定容器是否被允许使用，看似简单，但实际执行起来，由于各种因素的制约，难度相当大，导致缺陷的漏检，从而也会给压力容器的安全运行留下隐患。

二、压力容器定期检验应该有风险意识

压力容器的定期检验永远都不可能是绝对安全，只是相对安全。压力容器的定期检验存在各种各样的风险，面对如此多的风险，检验工作必须有风险意识，以风险为导向，制订具有针对性的检验策略和应急救援措施，从而确保压力容器的检验安全。

检验一台容器，首先想到的是这台容器会不会发生事故，以怎样的方式发生事故，事故的后果有多大；导致发生事故的因素哪些，哪些因素是可以通过检验手段消除的，其有效性有多高，哪些因素是可以通过使用管

理进行消除的，其有效性有多高；通过监测手段是否可以预知事故的发生，其有效性有多高；能否通过应急设施将事故扼杀在萌芽中，其有效性有多高；如果避免压力容器失效的各种手段都失效了，怎么利用应急救援措施减轻事故的后果，能不能将人员伤亡和财产损失降到最低水平。这一系列的问题都是我们在检验之前要想到的，而不是在检验一台容器时一上来就是宏观检查、测壁厚、做无损检测，这样抓不住检验的重点，丧失了检验的针对性，检测项目即使再全，有时候容器依然可能发生事故。

第三节　有效识别风险，才能控制和规避风险

一、失效因素越来越复杂，应准确识别风险

首先，压力容器失效因素越来越多，应全面识别失效的相关因素。根据历年对压力容器事故的统计和分析，有一个最为重要的特点就是每起事故的原因各不相同，每一起事故都因新的情况而发生。比如前几年，快开门容器总是发生事故，于是对快开门容器进行了大力的整改，这有效遏制了快开门容器发生事故，但是最近快开门容器却又以令人难以想象的原因发生了事故。从这些事故中可以看出，影响容器失效的因素非常多，一不小心就会忽视这些危险因素，酿成事故，这就要求我们在检验中，务必全面识别各种危险因素。以往的检验只是关注主要受压元件失效所导致的容器的失效，然而，压力容器非受压元件的失效同样也会引起人员的伤亡，这不得不引起足够的重视。在新形势下，我们必须全面识别容器失效的所有相关因素。

其次，压力容器失效因素越来越复杂，应准确识别失效的相关因素。压力容器的结构、介质、材质越来越复杂，导致失效模式、损伤模式的识别也越来越困难。

压力容器结构的大型化、复杂化，使得我们很难去识别容器的危险区域；新介质、多种介质的共存都使得损伤模式不再清晰可辨；新材质、新型复合板、新型衬里材质的运用，使得损伤模式的识别更加困难。在这种新形势下，我们必须结合容器的结构特点、材质、介质及工况环境，细致判断压力容器的失效和损伤模式，准确识别失效的相关因素。

二、创新检测手段，提高检验的针对性

压力容器的定期检验，目前面临的最为突出也是最难解决的问题就是检验的针对性问题，具体体现在宏观检查存在盲目性、测厚部位的选取不具代表性、无损检测方法和部位的选取存在随意性等方面。

宏观检查存在盲目性。对容器进行宏观检查时，不知道该看哪里，也不知道哪里最容易出问题，于是就随便看看完事，这使得很多缺陷被漏检，给压力容器的安全使用留下较大的安全隐患。

测厚部位的选取不具代表性。测厚的目的，一是判断容器是否存在腐蚀，二是判断容器的强度是否满足要求，所以测厚位置的选取必须有代表性，要选择容易减薄的位置，比如加工减薄位置、气液交界处、接管周围部位，等等。但在实际的检验工作中，由于各种各样的情况，很难判断出到底应该选取哪些部位进行测厚，有时候也可能很难发现容器最薄弱的位置。

无损检测方法和部位的选取存在随意性。主要体现在不能结合容器的失效模式、损伤模式选择合适的检测方法和合理的检测位置。不知道到底是该做超声检测，还是该做表面检测，也搞不清到底是该做对接焊缝，还是该做角焊缝。导致在检验的时候，随便选，随便做，一切凭感觉，使无损检测失去针对性。《固定式压力容器安全技术监察规程》关于无损检测只是给出了指导性的意见，并没有指出每一台容器到底该选用什么检测方法，也没指出到底该做哪一个焊缝、哪一个接管。在无损检测方法和位置的选择上，要求我们应结合容器的失效模式、损伤特点、工况环境，选择合适的检测手段和合理的检测位置。比如，对于一台介质有毒的氟化氢容器来说，应该优先选择表面检测，因为氟化氢容器的压力太低了，不太可能导致强度失效，应该更多考虑泄漏失效，所以要优先选择表面检测。对于无损检测的位置来说，是选择对接焊缝，还是选择角焊缝呢？应该优先选择角焊缝，因为角焊缝强度更低，且应力集中，更容易发生泄漏。

其实在实际的检验工作中，即使在停车开罐的情况下，也很难对容器内、外部进行无死角、全方位的宏观检查和无损检测。即使能做到，也不能保证每一名检验员都能发现容器可能存在的各种缺陷，特别是无损检测位置的选择全靠检验员的经验。有经验的检验员能在关键的部位发现压力容器存在的缺陷，而有的检验员在选择无损检测部位时，基本就是随意的、随机的，即使有缺陷，也很难被发现，这样就很难保证检验质量。由此可见，容器缺陷的检出在很大程度上受制于检验员的经验和责任心，这使得检验具有很大的主观性。

正是基于以上原因，压力容器定检必须创新检测手段，引入整体性检测手段，这种检测手段不受检验员能力和水平的影响，可客观、高效地对容器进行整体性的检测，可大致帮我们筛选出可能出现缺陷的位置，然后我们可以对这些可疑位置再进行精细化的宏观检查或者无损检测，从而避免缺陷的漏检，提高检验的客观性、针对性和安全性。

三、双管齐下，切实降低压力容器的失效风险

控制风险的主要手段有两个：一个是通过检验手段降低压力容器的失效概率；另一个是通过加强使用管理来降低压力容器的失效概率和减轻后果。以往的压力容器定期检验，只是注重通过检验手段来降低或者消除压力容器的失效风险，这种单一手段有时候往往很难有效降低压力容器的失效风险。从以往的特种设备事故统计中可以看出，造成压力容器失效的因素很多，既有压力容器本质安全所造成的失效，也有使用管理方面的因素。因此我们应该引入多种手段，从多个维度来切实降低压

力容器的失效风险，确保企业的正常生产。在最极端的情况下，哪怕通过检验手段不能完全避免压力容器的失效风险，但是能够通过应急救援手段，来避免容器失效后造成大的人员伤亡和财产损失，在这种情况，即使压力容器失效了，风险也是可以被降低的。

在检验方面，可以通过新的检验理念、检测方法，来提高检验的针对性，避免缺陷的漏检。要不断更新检验理念，引入风险意识，以先进的理念来指导检验。要不断更新检测方法，引入整体性检测手段，比如磁记忆检测、声发射检测、应力测试（包括应力分析）、缺陷预判等检测新技术，来提高检验的针对性。

在使用管理方面，一是使用单位应做好应急预案，并定期进行演练，压力容器一旦发生失效，使用单位可以从容应对，确保能将压力容器失效所造成的后果降到最低。二是使用单位应根据压力容器的失效特点，可在现场设置应急救援设备。对于介质易燃、易爆的压力容器，现场设置高灵敏度的泄漏检测设备，确保能把失效容器内及泄漏的介质引导到安全区域。使用单位应定期对应急救援设施进行检查，确保其有效性。三是使用单位应该根据容器的失效特点，对容器进行有针对性的定期检查和维护。比如，对于以强度失效为主的容器，应对容器进行壁厚监测、腐蚀监测；对于以泄漏失效为主的容器，应定期对密封紧固件进行更换、对接管角焊缝及应力集中部位的焊缝进行检测，防止容器发生泄漏失效。

第二章
压力容器定期检验理念

　　检验理念可从整体上保障检验的有效性和安全性。检验理念虽然有所不同，但是其目标都是一致的，即以最低的成本，追求设备最低的风险水平，确保设备的安全运行和企业的正常生产。随着工业化的发展，检验理念也在不断地更新和完善，吸收先进的思想，最大限度地规避自身的局限性，从而满足工业发展的需要。

　　检验理念是检验的指导思想和灵魂，指导相关标准的制定，贯穿于整个检验的各环节，规定了检验的基本思想、检验流程、检验项目、问题处理的方案及结果的判定。不同的检验理念，其标准体系、检验环节不同，会导致检验效率、检验成本、检验效果的差异。不同的检验理念有各自的适用场景和特点，在目前的工业发展背景下，不同的检验理念还不能完全相互替代，它们在不同行业和工业体系内发挥着各自的作用，指导着压力容器的定期检验工作。

第一节　压力容器定期检验的两种理念

　　压力容器的定期检验同样需要一套完整、成熟的检验理念用来指导压力容器的定期检验工作。对任何一台容器的检验，首先应该有一个检验思路，该怎么检，检哪里，用什么方法检，而不是一上来就做壁厚测定、做无损检测，然后随便看看就完事了。为了确保压力容器检验的安全，必须有一个系统的检验理念，指导整个检验工作，这样才能最大限度地规避压力容器的失效风险，确保压力容器的安全运行。

　　目前，压力容器定期检验理念主要有两种：一种是基于损伤的检验理念；另一种是基于风险的检验理念。两种检验理念都被《固定式压力容器安全技术监察规程》采纳，共同指导着压力容器的定期检验工作。前者是一种传统的检验理念，其比较成熟、可靠，被运用于大部分的压力容器定期检验工作中；后者检验效能高，但是由于受到各种因素的限制，还没有被大规模地推广和普及。

第二章　压力容器定期检验理念

第二节　基于损伤的检验

一、概述

基于损伤的检验是一种预防性的检验。压力容器在使用过程中，由于受到应力、温度、介质、载荷等外界各种因素的作用，容易出现腐蚀减薄、环境开裂、材质裂化、机械损伤等损伤模式，损伤积累到一定程度，往往使容器面临失效的风险。这些损伤或缺陷是影响压力容器安全运行的重大安全隐患，寻找出这些损伤或缺陷并判别这些损伤或缺陷是否允许存在是基于损伤的检验的核心思想。

基于损伤的检验通过对压力容器设备资料、生产工艺、设备工况等资料的审查，对压力容器的损伤模式进行分析和识别，根据损伤的性质，制订具有针对性的检验方案，利用宏观检查、壁厚测定、无损检测等各种手段对容器的重点部位进行检测，对检测出的缺陷进行评定，判别该缺陷是否允许存在，并根据缺陷的性质对容器进行评定级别，由此确定压力容器的下次检验周期。基于损伤的检验在提高检验效率的同时，也提高了缺陷的检出率，保证了压力容器在设计使用寿命内的安全运行，确保了企业的连续生产。

国家也正是基于这种检验理念，相继颁布了《压力容器安全技术监察规程》《压力容器定期检验规则》《固定式压力容器安全技术监察规程》等用于指导压力容器的定期检验。多年来，压力容器通过基于损伤的检验大幅地减少了安全事故的数量，保障了设备的安全、稳定运行。经过多年的发展和完善，基于损伤的检验已经成为一种成熟、可靠的检验理念。

目前我国有压力容器检验员、检验师共计 12 800 多名，他们正是基于这种理念从事着压力容器的定期检验工作。这一理念对检验人员的要求低，其执行难度低，所以我国大多数压力容器的定期检验都是基于这种检验理念。

二、主要的检验流程及项目

基于损伤的检验，核心思想就是用不同的方法去寻找容器可能存在的缺陷，然后评估缺陷是否允许存在，其主要的检验流程和检测项目。

（1）主要检验流程：识别损伤模式，制订检验方案，根据方案实施检验，对缺陷进行评估。根据检验结果对容器进行评定级别，确定检验周期。

（2）检验项目主要以宏观检查、壁厚测定、表面缺陷检测、安全附件检验为主，必要时增加埋藏缺陷检测、

第二章　压力容器定期检验理念

材料分析、密封紧固件检查、强度试验、泄漏性试验等项目。

找出缺陷及对缺陷进行判定是检验项目的核心内容。如何检测，重点对哪些部位进行检测，以及如何对缺陷进行评定，《固定式压力容器安全技术监察规程》都进行了详细的规定。宏观检查主要是看容器的本体结构、几何尺寸、表面情况以及焊缝、隔热层、衬里等是否存在问题，在检验的时候重点是要对压力容器的内、外表面进行全面的检查，以此判断是否存在肉眼可见的异常和缺陷，必要时可以借助内窥镜、放大镜等其他辅助仪器设备进行宏观检查；壁厚测定主要是找出容器的厚度最小点，借此判断容器的厚度是否满足强度要求，并通过壁厚减薄情况判断容器是否存在腐蚀及腐蚀速率如何；表面缺陷检测主要是对应力集中区域、环境开裂的内表面进行检测，看看有没有表面裂纹；埋藏缺陷检测主要是看焊缝的内部是否存在超标缺陷。所有的这些检测手段，目的只有一个——找缺陷，所有的检测手段都以找缺陷为中心。通过排除缺陷，来确保容器的安全运行。

这些检测项目执行起来很容易，因为相关的法规、标准都做了详细的规定。宏观检查应该怎么看，看哪里，测厚应该测哪里，表面检测应该做哪里，只要按照标准的要求一步一步执行就行了。但是值得注意的是，基于损伤的检验其有效性取决于检验员对法规、标准的执行情况。虽然其检测项目易于执行,但是如果在执行中偏离了法规、标准的要求,未严格按照法规、标准进行检验,其有效性也就难以得到保障。

三、主要的适用场景和特点

基于损伤的检验理念比较成熟,具有完善的理论基础及法规、标准的支撑,实施这么多年来,被普遍运用于各种压力容器的定期检验中,有力地保障了特种设备的安全。这种检验理念对检验员的技术水平要求相对较低,检验员在取得检验资质后,按照相关法规、标准的要求一步一步进行操作即可。按照这种理念的要求,只要能发现容器的潜在缺陷,就能确保容器的安全。其主要的优点有以下几个方面。

(1)检验理念成熟、可靠,相关的法规、标准体系完善,应用普及度较高。多年的检验实践证实了基于损伤的检验的可靠性和安全性。这种理念经过不断发展和完善,同时也得到了相关法规、标准的支撑,逐渐走向成熟。这种理念是指导我国压力容器定期检验的重要指导思想,保证了压力容器的安全运行和企业的正常生产。

(2)对检验机构、检验员要求低。目前从事基于损伤的检验的检验资质取证比较容易,有很多检验机构,而且特种设备检验也逐步民营化,允许民营机构参与压力容器的定期检验。对检验员的要求也相对较低，只需取得相关的检验资质后即可从事相应资质的压力容器定期检验，对其专业知识和经验限制较少。也正是由于这些原因，全国大部分压力容器的定期检验都适用基于损伤的检验。

（3）检验流程简明，检测项目易于执行。与检验流程和检测项目相关的法规和标准都进行了详细的规定，检验员只需按照法规、标准执行即可。对于缺陷的判定及处理，相关的法规、标准也做了详细的规定，检验员不需要有高深的理论知识及专业的软件知识即可处理。

（4）单台及小批量检验，检验成本低，检验效率高。大部分企业的设备是零散分布的，这种分布特点非常适合基于损伤的检验，逐台检验、逐批检验，灵活、高效，检验成本低，不像基于风险的检验，检验费用动辄几十万甚至上百万。

四、局限性

基于损伤的检验由于其自身的优点，得到了极大推广和普及，成为我国压力容器定期检验的重要指导思想。但在其检验易于执行、对检验要求低的优点之外，也存在着局限性，这些局限性都是从检验实践中总结出来的深刻教训，我们应该对这些局限性进行深刻的思考，从而在实际的检验中能注意这些问题。在平时的检验中，我们应该发挥主观能动性来规避这些局限性，从而提高检验的安全性。基于损伤的检验其局限性主要体现在以下几个方面。

1. 检验刚性强，无法满足企业连续生产的需求

（1）检验前要求全部停车开罐（除了一些特殊的压力容器），检验时机不灵活。基于损伤的检验，要求检验前压力容器应该停车，做好清洗、置换、打磨、搭设脚手架等检验辅助工作，这就意味着检验只能在停车状态下进行，不能根据企业的检修时间灵活调整检验的时间。另外，这种做法不能根据容器的特点进行分类对待。比如有的容器不存在任何损伤模式，容器失效后果极其轻微，这类容器就应该放低检验要求，在保证容器检验安全的情况下，尽量不影响企业的正常生产。

（2）检验方法具有刚性，需采用全面检验。基于损伤的检验要求对压力容器进行整体性的检验，以寻找出压力容器所有可能存在的缺陷。根据《固定式压力容器安全技术监察规程》的8.3.2条和8.3.6条的规定，要对压力容器的内、外表面情况进行100%的宏观检查；要对"应力集中部位、变形部位、宏观检验发现裂纹的部位，奥氏体不锈钢堆焊层，异种钢焊接接头、T型接头、接管角接接头、其他有怀疑的焊接接头，补焊区、工卡具焊迹、电弧损伤处和易产生裂纹部位"等区域进行100%的表面检测。一方面，这些部位真的是重要检

第二章　压力容器定期检验理念

测位置吗？对这些部位进行重点检测后，真的就能降低容器的失效风险吗？对压力容器事故的调查、统计发现，往往是一些不重要的位置、不起眼的位置，却一而再，再而三地引起压力容器事故。另一方面，这种刚性规定在实际的检验中很难执行，也直接导致了检验缺乏重点。检验比例如此之高，检验员如何把握哪些是重要部位？检验员将大部分精力放在了具体的检验项目中，却很少去思考该检验项目到底是否必要，该检验部位到底是否重要，该检验项目到底能不能降低压力容器的失效风险。在检验员检验精力一定的情况下，为了应付必检的项目，往往忽视了其他一些更加重要的检测部位，这也是难以避免的。

（3）检验周期的规定比较刚性。基于损伤的检验依据缺陷的性质、大小，对容器进行评定级别，以确定检验周期。容器本身是否存在缺陷，以及这种缺陷的大小和性质决定了容器的评级，而容器的评级又直接决定了检验周期。归根到底，就是容器本身的缺陷直接决定了检验周期。

首先，这种检验周期的确定方法没有考虑缺陷对容器的危害程度，不同缺陷对容器的危害程度不同，从而也影响检验周期内容器的安全使用，但是这些不同类别的缺陷很有可能使得容器的评级相同，得到相同的检验周期，但是这明显是不科学的。比如腐蚀减薄和环境开裂这两种损伤，如果没发生过减薄或开裂，那么容器都可以定为1级，检验周期定为6年。但是这两种损伤模式的性质不同，对容器的危害也不同，对检验周期内容器的安全运行也有着不同的影响。以腐蚀减薄损伤为主的压力容器，可以利用对壁厚监控的方式，确保检验周期内压力容器的安全运行；以环境开裂为主要损伤模式的压力容器，对环境开裂很难进行监控，这种开裂的随机性严重影响压力容器在检验周期内的安全运行，如果不考虑这些因素，检验周期还是定为6年，那么很难保证在这6年内容器不会失效。

其次，它没有考虑其他因素对检验周期的影响。影响容器安全运行的因素非常多，这些因素也往往影响着压力容器检验周期内的安全运行，因此下次检验周期的确定应该充分考虑这些因素。比如应力、容器内存在的未超标缺陷，等等，都对检验周期有着重要的影响。南通某公司的1台球罐，前面2次检验都因为发现开裂而进行了修理，修理合格后，定期检验评定为1级，检验周期为6年。但是，该球罐仅用了2年又再次发生了开裂。可见，这台球罐的级别评定和检验周期的确定只是机械地执行了相关标准的规定，并没有考虑导致球罐开裂的相关因素对检验周期的影响，因此难以保证容器在整个检验周期内的安全使用。

最后，这种检验周期的刚性规定还会导致设备的检验周期与企业的停车检修周期不一致，破坏了企业的正常生产，特别是对大型石化成套装置的影响非常大。2022年4月，南京某大型石化公司全厂停车检修，并借此机会进行全部压力容器的定期检验。该公司下次停车检修的时间为2026年4月，所以使用单位希望本次所有容器的下次检验周期都能在2026年4月，好与下次大修的时间保持一致。但是本次检验中有一部分容器按照相关标准的规定，只能把检验周期硬性地放到2025年4月或者2024年4月，打乱了企业的检修计划，破坏了企业生产的连续性。

2. 检验环节与风险相脱节，难以有效控制风险

基于损伤的检验以寻找缺陷为导向，忽视了风险对检验安全的重要作用，导致在检验中抓不住重点，无法有效规避压力容器的失效风险。基于损伤的检验要求对最容易发生缺陷的部位加强检测，提高检测比例，但并没有考虑该部位所导致的压力容器失效后果的严重程度。如果该处缺陷即使导致压力容器发生了失效，但是并不会造成大的人员伤亡和财产损失，那么该处就不应该是检验的重点。相反，那些不重要、不起眼的部位，虽不容易产生缺陷，但是一旦产生缺陷，就会造成较大的人员伤亡和财产损失，那么这些部位反而应该是检验的重点，这就是基于损伤的检验不考虑风险因素的最直接的体现。在实际的检验中，那些所谓的不重要、一旦

产生缺陷将导致严重后果的部位，更应该引起足够的重视，这是从事故中得出的深刻教训。为了说明这一点，下面讲解一个发生不久的实际案例。

2024 年 2 月，江苏某公司的一台蒸压釜的封头脱落，导致一名操作工死亡。事故的直接原因是釜臂与封头连接的角焊缝开裂，导致封头在上开后发生脱落，刚好砸到位于其下方进行作业的操作工，导致该操作工死亡，如图 2-1、图 2-2 所示。

图 2-1 封头脱落

第二章 压力容器定期检验理念

图 2-2 事故现场

事故调查组对该容器的检验报告进行了调查，检验报告显示对所有对接焊缝进行了 100% 的磁粉检测和 100% 的超声检测，并对釜齿进行了表面检测和硬度检测，所有检测均未发现异常，检测不存在缺项、漏项问题。该台压力容器的定期检验从法规、标准的角度看不存在问题，但是存在的主要问题是该检验没有根据风险的大小去识别出该检验的重点部位。该检验基于对接焊缝非常容易出问题的过往经验，所以把对接焊缝当作重点检验部位，而忽视了那个开裂的角焊缝。那个开裂的角焊缝确实不重要，因为在全国范围内从来没有因为该焊缝开裂导致事故的先例，所以之前的检验未对该焊缝进行重点检测。这种做法正是没有考虑到风险，才导致检验中没有抓住重点，导致了事故的发生。对接焊缝固然重要，但是即使其开裂了，釜内介质是蒸汽，也不会造成大的人员伤亡和财产损失,所以该处风险低,不应该是检验重点;反而开裂的那个角焊缝,虽然不是重要和容易产生缺陷的焊缝,但是一旦发生开裂,将造成大的人员伤亡和财产损失,所以这个角焊缝才应该是检验的重点部位,应加强检验。这个事故的教训非常大,检验不能与风险相脱离,否则检验抓不住重点,无法有效规避压力容器的失效风险。

3. 具有较大的主观性,难以保证检验的客观性

基于损伤的检验非常依赖检验员的经验和责任心,对检验员的知识面的广度也有一定的要求。不同的检验员知识结构不同,在检验时所关注的重点也会不同,导致检验的主观性太强,削弱了检验的客观性。检验员的能力和水平也参差不齐,有经验的检验员会在一些关键的部位进行精细的宏观检查或者无损检测,从而能发现容器存在的缺陷。发现这种缺陷一方面靠经验,另一方面也要靠一点儿运气。如果运气差一点儿或者稍微粗心一点儿,很有可能就发现不了容器可能存在的各种缺陷。但是,检验不能光靠经验和运气,这样肯定会降低缺陷的检出率,从而无法保证所检容器的安全使用。

大多数压力容器检验员都对自己检验过的压力容器缺乏信心,最主要的原因在于担心有缺陷被漏检了,这也是很好理解的,毕竟容器那么大,产生缺陷的部位又是难以预判的,想把所有的缺陷全部都找出来确实是相

当困难。他们在检出缺陷后，又都会有这种感受：能发现这个裂纹太幸运了，如果当时粗心一点儿可能就发现不了，如果因为自己粗心，发现不了开裂，万一发生了事故该怎么办？为了更好地说明这个问题，我们举出下面3个真实的检验案例，希望对各位读者有所启发。

案例一：2022年2月22日，在对一台储气罐进行定期检验中，对外表面进行宏观检查时，在上环缝与纵缝交界处下方100mm的地方，发现了一个倒三角的小凹坑，于是对该凹坑附近进行打磨，并做磁粉检测，发现了1条裂纹。裂纹长约60mm，深约5mm，裂纹位于纵缝的中间部位。检验结束后，设备停止使用，立即出具了意见通知。储气罐外表面发现开裂如图2-3所示。

图2-3 储气罐外表面发现开裂

案例二：2022年3月24日，对南通某公司的一台反应器进行开罐检验，在对容器封头顶部的一个接管处进行宏观检查的时候，隐隐约约发现疑似裂纹，于是对该处进行渗透检测，发现存在开裂现象。随后对该部位进行打磨，打磨后裂纹完全消除，从打磨的位置判断，裂纹长约50mm，深约7mm，容器板厚12mm，位于接管角焊缝附近的热影响区。该裂纹的表面不明显，而且还有一些介质覆盖在其上面，很隐蔽，很不容易被发现。何况这是台200立方米的储罐，想完全发现所有位置的缺陷还是有相当大的难度的。接管角焊缝处发现开裂如图2-4所示。

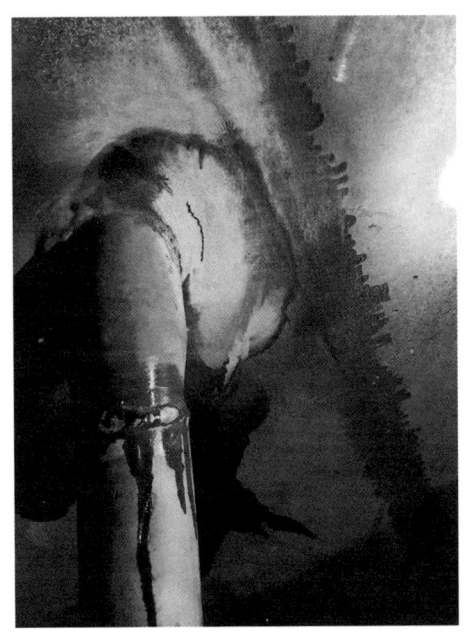

图2-4 接管角焊缝处发现开裂

第二章　压力容器定期检验理念

案例三：2023年1月，在对南通江山农化的一台氯化器进行检验时发现，夹套壁厚存在严重减薄现象，不满足强度要求，容器报废，夹套外表面测厚数据异常如图2-5所示。夹套内表面发现严重腐蚀如图2-6所示，厚度从12mm腐蚀到最薄6mm左右。由于是局部腐蚀，再加上无法对夹套内表面进行宏观检查，因此在测厚的时候很难准确定位到这些部位，也很难发现这些异常部位。

图2-5　夹套外表面测厚数据异常　　图2-6　夹套内表面发现严重腐蚀

通过这3个案例不难发现基于损伤的检验具有很大的局限性，因为它非常依赖检验员的经验和责任心，如果检验员没有经验，或者责任心不强，就很难发现容器内、外表面存在的各种缺陷。

4. 检验项目受制于各种因素而很难完全被落实

这种检验对于准备工作要求高，宏观检查内容看似少，很简单，但是严格做到却非常难，导致很多检验员在检验时困难重重。比如，图 2-7 和图 2-8 中的塔器，高达 100 多米，塔器外部只在人孔处设置了检修平台，并且塔器带有保温。如果要对塔器的外表面进行宏观检查，存在非常大的困难：首先，很多地方没有检修平台，无法进行外表面的宏观检查。其次，如果全部拆除保温，代价大，使用单位只愿意部分拆除，导致不能对塔器进行整体性的宏观检查，从而导致缺陷漏检。在实际的检验中，也确实存在很多容器因拆保温不到位，最后没拆保温的部位恰恰是容器修理过的部位；还有的搪玻璃容器，如果保温拆除不到位，就不知道夹套外表面的腐蚀情况到底如何，更严重的是，如

图 2-7 大型塔器的检验

第二章 压力容器定期检验理念

果使用单位私自进行过复搪，也很难被发现。另外，有些容器由于结构特殊，也很难对之进行宏观检查。比如某些不可拆卸的换热容器、石墨容器，没有人孔及检查孔，不但无法对容器的内表面进行有效的宏观检查，而且能检验的部位极其有限，这就导致了缺陷的漏检，给容器的使用埋下了安全隐患，这也是基于损伤的检验最突出的局限性。

图 2-8 塔器的入罐检验

另外，基于损伤的检验，对检验前期的准备工作要求也非常高。根据《固定式压力容器安全技术监察规程》的要求，在压力容器的定期检验中，要对容器的内、外表面进行 100% 的宏观检查，但在实际的检验中，总会因为各种情况而无法做到对内、外表面进行 100% 的宏观检查。比如，不可能让使用单位完全拆除保温层；母材内表面的浮锈，使用单位也不可能完全清除掉。即使保温完全被拆除，浮锈被完全打磨掉，也会给使用单位带来极大的负担。在最理想的情况下，即使有条件对容器内、外表面进行 100% 的宏观检查，但是，也不可能发现所有的表面裂纹，毕竟检验员的能力、水平是有差异的。同时，虽然很多容器并不一定要进行埋藏缺陷检测，但是有一些容器因为各种情况存在一些埋藏缺陷，这些缺陷也许压根就与容器的工况无关，所以很难利用相关的损伤失效模式来预判缺陷可能出现的位置，从而使对埋藏缺陷的检测失去了针对性，导致了缺陷的漏检。

第三节 基于风险的检验

一、概述

压力容器定期检验的最终目的就是降低失效风险，确保压力容器的安全运行和企业的正常生产。压力容器的定期检验需要进行停车、开罐、清洗、置换、脚手架搭设、打磨等一系列的辅助工作，这些为检验所进行的准备工作付出的成本要远远高于检验本身的成本。检验时，在保证容器安全的前提下，如何缩短和减少企业的停车周期和检验成本？检验所采取的各种检测手段哪些是降低风险必需的？这些检验手段是否真的能降低检验风险？正是基于以上这些问题，国际上许多相关机构进行了大量的研究和探索，提出了基于风险的检验。

基于风险的检验（risk basd in spection，RBI）以风险分析为基础，通过对系统中固有的或潜在的危险因素及其后果进行定性或定量的分析、评估，发现主要问题和薄弱环节，确定设备的风险等级，从安全性与经济性相统一的角度，对检验频率、检验程度进行优化，以使检验和管理行为更加经济、安全、有效。这种检验理念非常先进，不但直接抓住了检验重点，而且还把容器的失效风险分析及控制做到了极致。

20世纪末我国开始学习、引进RBI。一些石化企业联合相关院校研究承压设备的风险分析技术，并逐步将其引入生产管理中。21世纪初，我国石化行业为了缩小在生产装置长周期运行方面与世界先进水平之间的差距，降低生产成本，增加经济效益，提升企业的竞争能力，本着"重点试点，有序铺开"的原则，会同部分大专院校、科研院所，先后在茂名石化、天津石化、扬子石化、燕山石化等企业的成套装置上引入并试点开展了基于风险的检验，取得了较好的实际效果，为后续逐步推广积累了宝贵的经验。2006年5月，国家市场监督管理总局就开展基于风险的检验技术试点应用工作专题下发文件，以我国部分具备条件的企业为试点，开展RBI技术应用，在保证容器安全使用的情况下，适当延长了风险不大的容器的检验周期。2009年8月31日，国家市场监督管理总局颁布了《固定式压力容器安全技术监察规程》，引入了基于风险的检验技术。

二、主要检验流程及项目

（1）数据和信息采集。通过制订分析计划，确定评估筛选范围，采集设备类型、材料、维修及更换记录、运行条件、损伤模式、停产损失、设备修复和更新费用等相关数据，为下一步的风险评估做好数据信息基础准备工作。

第二章　压力容器定期检验理念

（2）风险评估。通过对承压设备进行失效可能性和失效后果等级的定性、半定量、定量分析计算，确定装置中设备的风险值。

（3）风险排序。根据风险值对设备进行风险排序，列出风险矩阵，找出处于高风险、中高风险、中等风险、低风险的设备。

（4）检验策略。按照风险等级制订检验策略。检验策略包括检验类型、检验时间、无损检验部位、方法、比例、压力试验要求、降低风险的措施等方面的内容。针对高风险的设备可增加检验比例，同时根据其损伤模式、失效机理采用有针对性的检测方法，保证缺陷的检出，对低风险的设备可适当降低检验比例，从而实现了检验策略有效性和针对性。

（5）实施检验。按照检验策略实施检验，包括前期不停车在线检验、停车时的补充检测和维修，以及对设备缺陷进行合理使用评价。

（6）再评估和RBI评估结果的更新。RBI是个动态的管理过程，其分析结果具有一定的时效性。随着工艺条件、设备条件、损伤机理、损伤速率、损伤严重程度及RBI前提条件的改变需要进行再评估。

三、主要适用场景及特点

美国石油协会（API）对基于风险的检验的适用场景进行了说明，基于风险的检验技术既可用于整个工厂，也可用于某些设备、操作，或某些设备的部件、操作的某些特定环节。但是由于基于风险的检验流程复杂，因此在我国基于风险的检验主要运用于石化成套装置的检验上，其可以大幅缩短和减少石化企业的停车周期和检验成本，有效降低了成套装置的运行风险。与传统检验相比，基于风险的检验有以下优点。

第一，RBI具有更高的检验效能。RBI基于设备的失效模式和损伤模式，综合设备工艺、使用管理等方面的数据，对设备进行全面的风险分析和评估，实现对设备风险等级的分类，并据此制订具有针对性的检验策略，可实现高风险的设备的重点检验，将有限的检验资源分配给重要的设备，从而提高检验的效能。在相同的检验成本下，采用RBI的设备风险更低；在相同的风险水平下，RBI成本更低。RBI实现了更高的检验效能。

第二，RBI能有效控制风险，确保设备在使用过程中不会受到任何潜在的安全威胁。RBI可识别、分析、评估所有的风险因素，并对这些因素进行排序，据此制订检验策略，从而将风险控制在可以接受的水平。

第三，RBI在控制风险的同时，能大幅缩短和减少企业的停车周期和检验成本。在风险分析的基础上，对于风险不高的容器，RBI允许进行外部检验和在线检验，也就是说，对于有些设备，完全可以在不停车、不开罐的条件下进行检验，这大幅缩短了企业的停车周期，节约了相关的辅助成本。

第四，RBI更具针对性和实效性。检验的目的就是降低设备的失效风险，确保设备的安全运行，RBI正是基于所有的风险因素制订检验策略，每一种检测手段都是为了消除或者降低风险而采取的，每一种检验手段既是必要的，又是有效的，这就大大提高了检验的针对性和实效性。

四、局限性

RBI之所以没有被大规模推广和普及，是因为其受到诸多因素的制约，主要有以下几个方面。

1. 对检验机构、检验人员要求高

实施基于风险的检验的机构需要取得相关的检验资质，方可从事基于风险的检验。目前，我国具备基于风险的检验的检验机构并不多。从事RBI的人员应当经过相应的培训，熟悉RBI的有关国家标准和专用分析软件。同时，还要对金属学、材料学、力学有一定的了解，能熟练运用相关分析方法和模型进行数据处理。基于风险的检验对检验机构、检验人员的要求比传统检验要高得多，也就是说，并不是随便一家检验机构或者随便一名检验人员都能进行基于风险的检验，这就直接导致了基于风险的检验没有得到推广和普及。

2. 单台或小批量检验成本高

基于风险的检验适合大型成套装置的检验，但是我

国大部分的压力容器主要分布在大大小小的化工厂内，这些化工厂内的容器往往分布在不同车间、不同装置、不同的生产线内，进行基于风险的检验成本较高，检验费用动辄几十万甚至上百万，这不是一般企业所能承受的。这也是基于风险的检验难以被大规模推广和普及的主要原因。

3. 对申请基于风险的检验的单位要求高

对使用单位的管理水平要求高。根据《固定式压力容器安全技术监察规程》第 8.10.1 条的要求，申请应用基于风险的检验的压力容器使用单位应当经上级主管单位或者第三方机构对其开展特种设备使用安全管理评价（包括应用条件的符合性审查和特种设备使用安全管理风险评价），评价的各项要求不得低于相关安全技术规范和标准中关于承压设备系统基于风险的检验的安全管理评价的相应规定。这就是说压力容器使用单位，只有具备一定的特种设备管理水平，才能申请基于风险的检验。

对压力容器相关数据的完整度要求高。进行基于风险的检验，要求搜集、整理工艺流程数据、历年检修记录、失效分析记录、工艺介质分析报告、设备设计资料等相关数据，大部分企业对特种设备数据管理基本达不到 RBI 的要求。

第四节 两种检验理念的对比分析

基于损伤的检验和基于风险的检验各有自己的适用场景和特点，同时也有各自的应用局限性。但是随着工业的发展和工业规模的聚集化，小型化工厂逐渐进行合并，整合成上规模的化工企业，这为基于风险的检验的推广打下了坚实的基础。同时随着压力容器大型化、复杂化的发展，以及生产工艺的集约化发展，其也必将推动RBI的应用和普及。但是在目前的工业环境下，基于风险的检验还是不能完全替代基于损伤的检验，表2-1为两种检验理念的对比。

（1）RBI在前期风险评估过程中充分考虑了设备损伤模式及失效后果，因此制订检验策略时可以更有针对性地选择检测方法，以检出设备缺陷，提高检测有效性。

（2）RBI在确定检验周期上具有更大的灵活性，可以根据装置的实际情况，依据风险等级来弹性设定检验周期。

（3）在检验方式上，RBI对部分高风险及高中风险的设备可以通过不停车、在线检验的方式降低设备的风险，达到缩短停工检修时间、节约成本和提高生产效率的目的。

4.基于损伤的检验其检验流程简明,因此检验、检测项目可执行性强,适用于大部分压力容器的检验,因此其在普适性方面有着明显的优势。

表 2-1　两种检验理念的对比

内容	基于损伤的检验	基于风险的检验
检验方式	在线、不开罐检验	停车、开罐检验
检验核心理念	以风险为导向	以寻找缺陷为导向
检验周期	依据风险状况确定	依据缺陷性质确定
风险控制	较好	一般
检验效能	高	低
普适性	低	高

第二章　压力容器定期检验理念

第五节　基于损伤的检验应引入风险意识

目前我国大部分的容器检验实施的是基于损伤的检验，确保容器的检验安全是企业高质量发展的要求。基于损伤的检验应不断进行更新和完善，引入风险意识，克服自身的局限性，提高检验的安全性，确保企业的正常生产。

基于损伤的检验应该引入风险意识，只有识别出风险，才能有效地控制和降低风险。比如检验一台容器时，首先想到的应是这台容器会不会发生事故，会以怎样的方式发生事故，然后怎么利用检验手段去避免事故，检验失效了，怎么利用应急手段减轻事故的后果。检验要有风险意识，才能真正提高检验安全。

一、革新检验理念，引入风险意识

为适应工业发展的需要，近年来压力容器的数量急剧增长，基数如此庞大的压力容器，如何节约检验的辅助成本，缩短企业停车检验的时间，有效降低压力容器的各种潜在风险，促进社会的高质量发展，都是基于损伤的检验要面对的问题。

在新的发展形势下，压力容器与以往相比呈现出了新特点，因此，基于损伤的检验面临着新的挑战。压力容器越来越大，结构越来越复杂，新材质、复合材质被广泛应用到各种类型的压力容器上，新介质层出不穷，压力容器的系统性越来越强，系统风险越来越高，一台容器的失效可能会导致整条生产线、整个车间、整个厂区的停产，企业的连续生产面临着越来越大的风险。基于损伤的检验必须引入风险意识，以风险指导检验，有效识别需检验的重要部位，提高检验的针对性，节约检验的辅助成本，缩短企业的停车周期，确保企业的连续、稳定生产，促进社会的高质量发展。

二、引入风险意识，克服基于损伤的检验的局限性

基于风险的检验固然能有效地控制风险，有着诸多的优点，但是其对检验机构、检验人员、使用单位的要求非常高，又加上其单台小批量检验成本高，因此，不大可能要求所有使用单位的容器都进行基于风险的检验。也正是由于这些情况，目前我国大部分的压力容器实施的都是基于损伤的检验，而这种检验自身也有局限性，存在诸多难以解决的问题。这就要求我们必须采取新思路、新办法来克服其局限性。

基于损伤的检验可靠、便于执行，有诸多优点，但是其无法从根本上杜绝风险的存在，这点从不断发生的事故中就可以得到印证。其局限性主要体现在无法准确

识别检验的重要部位，导致检测的针对性弱。《固定式压力容器安全技术监察规程》虽然规定了检测的位置，但是只是一般性的指导准则，具体到每台容器上，还要检验员自己去判定。检验员即使根据标准的要求，找出了最容易产生缺陷的部位，如果没有风险意识，误把这些部位全部判别为检验的重要部位，那么就会抓不住重点，检验也就失去了针对性。因此，应引入风险意识，对风险因素进行分类、分级，从而进行有针对性的检测，对风险大的部位加强检测，提高检测比例。

基于风险的检验的精髓在于对风险的识别和定性、定量分析，这种风险思想完全可以嫁接到基于损伤的检验中，融入其检验环节中。在基于损伤的检验中，引入风险意识，不需像RBI那样去精确地对风险进行定量、定性分析，只需识别出容器的潜在风险点，并识别出所有的相关风险因素即可，然后再针对风险点及相关风险因素制订相应检测策略和监控措施，从而大大降低容器的失效风险。通过风险思想的引入，基于损伤的检验同样可以达到控制风险的效果。

三、风险因素复杂，引入风险意识才能有效控制风险

压力容器的安全永远都不可能是绝对的安全，只是相对的安全。任何时候都不可能完全避免压力容器潜在安全事故的发生，只能通过风险控制的办法，降低和减

压力容器定期检验中风险识别与控制

轻事故发生的概率和后果,将压力容器的风险控制在最低水平上。

压力容器的风险因素复杂,只有引入风险意识,才能有效地控制风险。压力容器的风险因素分布于设计使用年限内的各个环节,包括压力容器本身的设计缺陷,如选材不当,结构设计不合理;制造过程中遗留的缺陷,如超出制造要求的错边、棱角,还有一些没有超标的缺陷,比如焊缝中的气孔、夹渣等;使用过程中,压力容器在应力、介质、温度、载荷等外部环境的影响下所产生的损伤;使用单位管理不善对设备造成的损伤,比如,擅自更改设备使用参数,不按规范操作,野蛮作业,擅自对压力容器进行修理和改造,擅自改变容器结构及管路系统,购买、使用淘汰的二手压力容器;检验过程中对缺陷的漏检、检验失效等。每个环节都有可能造成容器的失效,并且容器的失效风险往往不是由单一风险因素导致的,而是由多个环节的多个风险因素共同造成的。在检验中只有准确识别相关的风险因素,制订具有针对性的检验策略,才能从根本上确保压力容器的安全。

在基于损伤的检验中,对风险的控制有两个办法,一个办法是,完全遵守相关法规、标准的要求进行检验,这样即使出了问题,检验员也是没有责任的,因为检验是完全合法的。另一个办法是,由于各种因素的制约,部分检验项目偏离了相关法规、标准的要求,这种情况在平时的检验中非常多，比如大型的塔器，其人孔数量有限，只能对人孔附近部位进行检验，有很多部位无法进行检验；还有一些带保温的容器，保温层不能全部拆除，有些部位就无法进行宏观检查，但是全部拆除保温又是不现实的，在这种情况下，一定要识别出与容器相关的各种风险因素。依据这些风险因素制订具有针对性的检验策略，从而确保检验的安全，同时依据风险因素制定具有针对性的应急救援措施，确保检验过的压力容器一旦失效，不会造成重大的人员伤亡和财产损失。在这种情况下，检验虽然面临一定的风险，但是这种风险是可控的。

基于损伤的检验，只有引入风险意识，有效识别压力容器各种潜在的风险因素，才能确保压力容器的安全运行。

第三章
压力容器定期检验的风险识别

其实我们做任何事情都会存在一定的风险，比如我们在路上开车，既有撞到别人的风险，也有被别人撞到的风险。所以我们在开车的时候，任何一个操作都是权衡利弊、评估风险的结果。我们一直都强调，过马路要眼观六路、耳听八方，这样做的主要目的就是降低出事的风险。压力容器的检验也一样，严格按照法规、标准进行检验的最终目的，不是逃避容器失效后的法律责任，而是最大限度地降低容器失效的风险，避免事故的发生，确保企业的正常生产。

所谓风险，就是事故发生的概率与后果的乘积。对于容器失效风险的大小，同样也可以通过这两个方面来进行评估：一个是容器发生失效的概率有多大，另一个是容器发生失效的后果有多严重。风险的大小与概率、后果有关。即使发生概率极低，但是后果极其严重，这种风险同样是不可接受的；即使失效发生的概率极高，但是后果极其轻微，那么这种风险仍然是可以接受的。过马路时，我们所

压力容器定期检验中风险识别与控制

有的操作都是风险评估后的结果。过马路如此,压力容器的检验更应如此。要衡量容器失效风险的大小,应先识别容器失效的风险点,然后采取具有针对性的检验策略,从而降低容器失效的风险。

第三章 压力容器定期检验的风险识别

第一节 风险识别的重要作用

一、风险识别的重要作用

首先，风险识别可以提高检验的针对性和有效性，使我们直接抓住检验的重点。比如一台空气罐，主要的风险是强度失效，一旦空气罐爆炸了，后果非常严重。泄漏了一般没有事，毕竟是空气，无毒、不可燃、不易爆，所以对于空气罐来说，最重要的是怎么防止它发生强度失效。由此，企业在平时的使用管理中，一方面，要定期做好排污、防腐工作，防止容器发生腐蚀，导致材料厚度变薄。对于腐蚀异常的容器，还应定期进行测厚，确保储气罐的壁厚满足强度要求。另一方面，企业要定期校验安全阀，并及时进行更换，确保安全阀灵敏、可靠，确保容器在核定的允许参数范围内安全运行。在检验时，重点检查内、外表面的腐蚀状况，焊缝的几何尺寸是否满足要求，壁厚是否满足强度要求。通过历次测厚数据的对比，判断是否存在腐蚀现象，必要时可以对空气罐进行一定的埋藏缺陷检测，从而避免空气罐发生强度失效。可见，只有有效识别风险，才能采取针对性的相关措施来有效地控制和降低风险。

其次，风险识别可以帮助制订具有针对性的检验策略和运行监控措施。一方面，识别风险可以帮助制订具有针对性的检验策略。比如对于易强度失效的容器来说，在检验的时候应该注重壁厚的测定、埋藏缺陷的检测、内部表面裂纹的检测，等等；对于易泄漏失效的容器，应该以接管角焊缝的表面检测、密封紧固件的检查、表面裂纹的检测、腐蚀坑或者腐蚀孔的检测以及气密性检测等为主，确保容器不会发生泄漏失效。另一方面，识别风险可以帮助企业优化特种设备管理，降低和减轻容器失效概率和失效后果。比如易燃易爆的容器，使用单位应加装气体泄漏检测设备、喷淋等应急设施，做好应急演练，从而减轻失效后果。图 3-1、图 3-2 为氟化氢容器的泄漏检测及喷淋系统。

图 3-1　氟化氢容器的泄漏检测

第三章 压力容器定期检验的风险识别

图 3-2 氟化氢容器的喷淋系统

识别出容器的重要风险点，选择具有针对性的检验策略，制定具有针对性的监控运行措施，可大大降低压力容器的检验风险。在最极端的情况下，即使容器失效，但是科学、合理的监控措施，仍然能保证失效的容器不会造成更大的人员伤亡和财产损失。尤其是超设计年限容器的检验，为了确保检验的安全，降低检验的风险，应将安全评估进行前置，让有经验的检验员识别出容器潜在的风险点，从而为后续检验方案和检验策略的制订提供依据。

再次，只有识别风险，才能更好地规避风险。压力容器的定期检验面临各种各样的风险，一不小心就会酿成事故。从一些极端的实例中，可以看到压力容器定期

051

压力容器定期检验中风险识别与控制

检验中风险无处不在,如果忽略了任何一个风险点,都可能导致事故的发生,所以在压力容器的定期检验中,只有准确识别出风险点,才能抓住检验的重点,提高检验的针对性和有效性。

第三章 压力容器定期检验的风险识别

第二节 如何有效地识别风险

一、风险识别概述

风险识别要识别所有影响设备安全运行的危害因素，评估这些因素对容器的危害程度，并制定消除这些危害因素的措施，再评估这些措施的有效性，从而有效控制压力容器的失效风险。

1. 风险点及相关风险因素

（1）风险点及相关风险因素的概念。所有直接导致容器失效的主要因素，称为风险点；所有间接导致失效的因素，称为相关风险因素，相关风险因素也就是所有与风险点相关的因素。风险点的识别主要是识别出影响压力容器安全运行，并且直接导致压力容器失效的所有潜在风险因素，这些因素就是影响压力容器安全运行的危害源，为了便于理解，把这些危害源统称为风险点。对风险点进行研究，可以全面、准确识别出导致容器失效的直接原因；对相关风险因素进行研究，可以识别出导致容器失效的根本原因，从而为控制容器的失效风险提供依据。

我们必须搞清楚风险点和相关风险因素之间的关系，

才能全面识别容器失效的所有相关因素。比如法兰及其紧固件的密封性能的丧失会直接导致容器的泄漏失效，所以可以把法兰及其紧固件的密封性能看作容器的一个风险点。导致法兰及其紧固件密封性能丧失的所有因素可以叫作相关风险因素。比如压力过高，导致密封性能下降，引起泄漏，这时压力就是相关风险因素。再比如，容器存在腐蚀减薄现象，减薄累积到一定程度会直接导致容器发生强度失效，那么腐蚀减薄就是容器的一个风险点，这时导致腐蚀减薄的所有因素都叫作相关风险因素，比如应力、温度、介质等都叫作相关风险因素。区分风险点和风险因素，主要目的就是全面识别出直接导致容器失效的因素，并对这些因素进行层次清晰的归类。比如腐蚀减薄和环境开裂都可以是风险点，应力可以提高腐蚀速率，也可以加快环境开裂进程，如果把应力直接当作风险点，那么就会误导检验员，以为控制好应力就可避免容器的失效风险。但这是不符合实际情况的，应力只是引起损伤的一个因素，控制住了应力，腐蚀减薄和环境开裂依然还会发生。所以应把腐蚀减薄和环境开裂分别当作风险点，把应力当作相关风险因素，从而可以全面把握影响容器失效的各种因素，且层次清晰，不会引起混乱。

（2）相关风险因素影响风险点的风险水平。不同的风险点具有不同的风险水平，即使是同一个风险点，随着相关风险因素的变化,其风险水平也在发生变化。比如腐蚀减薄,当温度变化到损伤敏感区间时,腐蚀速率会加快,风险点的风险水平会升高;当温度远离损伤敏感区间时,腐蚀速率会变慢,甚至不再发生腐蚀,那么风险点的风险水平会降低,甚至不再是风险点了,因为容器不存在损伤了,就不会导致失效了。容器的应力、温度、介质、材质都是常见的相关风险因素,所有的损伤基本与这几种因素相关。特别是应力,在一定条件下,应力本身就可以看作风险点,因为当应力足够大时,可以直接导致容器发生强度失效。

2. 风险点涉及众多环节

风险点涉及压力容器的各个方面,包括设计、制造、安装、使用管理等各个环节,每一个环节又存在许多影响压力容器安全运行的危害因素。设计过程中,比如设计结构不合理、选材不当;制造过程中,比如遗留了未超标的缺陷、焊缝布置不当等;安装过程中,比如基础不牢、地脚螺栓安装不符合要求等;使用管理过程中,比如运行参数不符合设计要求、未按照操作规程进行作业、压力容器的修理改造不符合规范要求、特种设备管理人员及操作人员专业知识欠缺、应急管理措施及应急演练不符合要求等。风险既有设备本身的缺陷所导致的风险,也有使用管理不善所导致的风险。通过对近几年压力容器发生的事故的统计、分析发现,使用管理不善所导致的压力容器失效比例在不断提高,与人相关的不安定因素在进行风险识别时应该引起足够的重视。

3. 评估风险点的发生概率和危害程度

风险识别的一个重要任务是识别出所有的风险点,另一个重要任务就是评估这些风险发生的概率和对压力容器的危害程度,从而为识别容器的检验重点提供依据。

RBI通过对搜集到的相关数据信息进行分析,从而对风险进行定性、定量分析。在大多数基于损伤的检验中,不需要对风险进行如此细致的分析,只需对比两个风险点的风险水平的高低即可,从而对高风险水平的风险点加强检验,同样可以达到控制风险的效果。在对比风险点的风险水平的高低时,既要考虑其发生的概率,也要考虑其危害程度。

4. 制定措施,消除风险

风险识别的最终目的就是通过一定的措施来有效地降低和控制风险。降低风险的主要措施有两个:一个是降低风险发生的概率,另一个是减轻风险的后果。对于前者,常常通过制订针对性的检验策略及采取有效的管理手段来降低风险发生的概率;对于后者,通常通过增加应急救援设备来减轻风险发生的后果。这是有效控制风险的主要思路,具体的措施还是要围绕风险点及相关风险因素并结合容器的实际工况来确定。

5. 评估措施的有效性

评估措施的有效性是风险识别的重要一环。如果根据风险点制定的相关措施没有效果，那么风险识别就失去了意义。比如材质劣化是容器失效的重要风险点，但是有的材质劣化可以通过相应的检测手段来判定材质劣化的状态，从而评估其对容器的危害程度，据此制订出的检验策略是有效的。但是有的材质劣化，比如回火脆化，除非设置挂片，否则很难判定其材质劣化的状态，风险不可控，据此制订出的检验策略是无效的。比如应急救援措施，理论上很完善，但是真正执行起来困难重重，一旦发生事故，并不能有减轻低事故的后果，那么这种应急救援措施就是无效的。在风险识别时，是否有相应的措施来降低或控制风险，也是影响风险水平高低的一个重要因素。

二、如何识别风险点

在检验中，识别出容器的风险点，也就抓住了检验的要点，然后采取相应的检验策略和监控运行的措施，从而可以有效降低容器的失效风险。那么，如何识别风险点就成为检验的首要和关键问题。要识别出容器的风险点，首要的是要识别出容器的失效模式和损伤模式，找出直接导致压力容器失效的所有因素，这些因素就是要识别的风险点。风险点的识别主要有以下几种方法。

压力容器定期检验中风险识别与控制

1. 根据容器的失效模式，识别出容器的风险点

（1）要想识别出容器的风险点，首先要搞清楚容器的失效模式。常见的容器失效模式有强度失效、泄漏失效、失稳失效和刚度失效。在平时的检验中，最常见的就是强度失效和泄漏失效。一台容器最可能以什么样的模式失效，应该根据容器的结构形式、工作参数、损伤模式去判断。在实际检验中，对于同一台容器，应该优先关注失效后果比较严重的那种失效模式。比如一台储气罐，可能发生强度失效和泄漏失效。那么到底发生哪一种失效模式的概率高点儿？肯定是泄漏失效的概率高，因为法兰处、阀门处、接管处泄漏的可能性非常大。但是，在平时的检验中，对于空气罐，不能把关注点放在泄漏失效上，而应该放在强度失效上，因为即使泄漏，其造成的后果非常轻微，即发生概率高，但后果为0，风险为0，所以更应该关注强度失效。由此，在检验时应该以测厚为主，确保厚度满足强度要求，宏观检查重点应关注焊缝的错边和棱角，确保焊缝满足强度要求。在使用管理上，应加强管理，做好防腐和定期排污工作，减少对容器的腐蚀，从而满足容器的强度要求。空气罐如此，其他容器也是如此。容器的检验应以风险点的识别为导向，才能有效降低容器的失效风险，从而确保容器的使用安全。

（2）依据失效模式识别风险点要全面。既要注意容

第三章　压力容器定期检验的风险识别

器内部因素所导致的容器失效，也要注意外部因素所导致的容器失效；既要考虑主要受压元件对容器强度失效的影响；也要考虑接管角焊缝、密封紧固件对泄漏失效的影响；还要考虑基础、支撑及相关的附件对失稳、失效的影响。同时，要考虑使用管理、生产工艺等外部因素对容器失效的影响。特别是多种失效模式共存的容器，可能存在多个风险点，要对风险点逐一进行识别。比如大型的塔器，制造时遗留的各种缺陷在环境因素的作用下可能导致容器失效；各类焊缝在内、外部各种载荷的作用下发生开裂可能导致容器的强度失效；基础下沉、倾斜、开裂以及支承件变形可能导致容器的失稳失效。

2. 根据容器的损伤模式识别风险点

（1）容器的损伤是影响容器安全运行的重要危险因素。如果能清晰地知道容器正在发生什么样的损伤、损伤的状况和速率如何、哪些因素导致了损伤的发生及如何避免损伤的发生，那么就可以对容器的风险状况有一个清晰的了解。损伤不一定导致失效，但损伤累积到一定程度必然导致失效，所以损伤是影响压力容器安全运行的重要危险源。根据《承压设备损伤模式识别》（GB/T 30579—2022）的分类，共有损伤模式5种，分别是腐蚀减薄、环境开裂、材质劣化、机械损伤、其他损伤。每一类、每一种损伤都是容器的重要风险点，其相应的影响或者敏感因素都是重要的相关风险因素。

（2）根据容器的损伤模式准确识别风险点及相关风险因素。每一种损伤都是容器的一个重要风险点，导致损伤的每一种因素都是影响容器安全运行的重要相关风险因素。比如容器存在腐蚀减薄缺陷，那么，腐蚀减薄就是容器的一个重要风险点，该风险点会直接导致容器的失效。那么引起腐蚀的介质、应力、温度等都是影响容器安全的重要相关风险因素。另外，容器介质具有多样性，导致容器的损伤模式不再是单一的某一种，而是多种损伤模式共存，多种损伤模式共存的容器也就存在多个风险点。所以，在风险点识别时要全面、准确，同时还要考虑多种损伤模式共存对风险的影响。

　　在识别损伤的时候，也要考虑导致损伤的所有相关风险因素。这些因素不但是评估风险点风险水平的重要因素，还是制定风险控制措施的重要依据。比如应力是导致开裂的一个重要因素，应力水平越高，就越容易发生开裂。所以为了避免应力开裂，容器在使用时应严格控制压力，禁止超压使用。同时，也要考虑相关风险因素对容器失效模式的影响。比如，氢氟酸与硫酸虽然都能导致容器的腐蚀减薄，但对容器失效模式的影响完全不同。氢氟酸不但能造成腐蚀减薄，同时其是高度危害的介质，一旦因其腐蚀穿孔，还会引起容器的泄漏失效，其危害程度远远高于硫酸。

第三章 压力容器定期检验的风险识别

3. 根据容器的固有缺陷识别风险点

容器在制造过程中所遗留的各种缺陷在外界环境因素的作用下会导致容器的失效。有些制造缺陷可以直接导致容器的失效，可以将其识别为容器的风险点。比如容器结构设计不合理，导致应力分布不合理，局部应力过高，应力如果超过材料本身的屈服强度，就会严重影响容器的安全运行，甚至直接导致容器的失效；过高的应力还会导致其他风险点的风险水平的升高，比如环境开裂风险会随着应力的升高而加大。有些制造缺陷虽不能直接导致容器的失效，但却是重要的相关风险因素。比如选材不当，并不能直接导致容器的失效，但是在介质、压力及温度的共同作用下，可以导致容器发生强度失效或者泄漏失效。例如南通某公司一台不锈钢球罐，由于选材不当，在使用不到两年的时间内，内壁多处开裂，严重影响了容器的使用安全和使用寿命。还有些缺陷在正常情况下并不影响容器的安全运行，但是在特定工况环境下，这些制造缺陷便变成了重要的风险点。比如焊缝内的未超标缺陷，在压力较低时，这些未超标缺陷不会影响容器的安全运行，但是随着压力的升高，这些原始缺陷非常容易衍生出新的缺陷，导致容器的失效。所以，对于在高压、高温及疲劳环境下服役的容器，制造缺陷应该引起足够的重视。

4. 根据使用管理识别风险点

使用管理对容器的安全运行影响非常大。高效的使用管理不但可以有效降低容器发生失效的概率，还可以减轻容器发生失效的后果。压力容器的定期检验往往是在停车时进行的，但很多缺陷可能在运行时才能显现出来，比如泄漏失效。如果使用单位能定期对压力容器做好在线检查，就能及早发现压力容器的潜在风险，从而有效降低容器发生失效的概率。相反，若使用单位管理不善，野蛮作业，擅自改变工作参数，对压力容器随意修理、改造，将大幅提高容器发生失效的概率，严重威胁压力容器的安全运行。

使用管理过程中的所有能直接导致容器失效的不安定因素都是潜在的风险点。与风险点相关的因素有以下几个使用单位是否有完整的管理制度、是否有专职管理员，特种设备管理员及操作员的专业知识水平的高低，设备的各种检查记录是否齐全，是否擅自更改过工作参数、是否存在非法修理和改造，是否定期检验安全附件和仪表、是否按照操作规程进行操作，是否有相关的应急预案和定期进行演练，设备现场是否有应急救援设施等。比如，使用单位的管理人员缺乏相关知识，随意购买二手设备，随意对容器进行修理、改造，随意更改容器的使用参数和介质，不但会直接危及容器的安全运行，还提高了容器的检验难度和风险水平。国内已经有多起

第三章 压力容器定期检验的风险识别

因擅自改变容器介质而导致事故的案例。比如，私自修理容器，不符合规范的要求，严重危及容器的安全运行。特别是一些大型容器，使用单位私自修理某些部位，其可能在检验时很难被发现。还有的使用单位，不按照设计要求，私自改变工艺，导致介质复杂化及损伤的复杂化，加大了容器的失效风险。这些不安定因素，无形中增加了容器的失效风险。一些特殊容器，需要操作员反复开关容器，若操作员不按操作规程作业，野蛮作业，时间长了，必然会导致容器的损伤和失效。比如快开门容器，操作员在带压情况下强行开门，会导致釜门或釜齿变形，甚至有的操作员为了操作方便，擅自拆除安全联锁装置；还有的搪玻璃容器，操作员开关釜门进行投料，野蛮作业，导致釜内爆瓷。这些野蛮作业，不但危及容器的使用安全，缩短了容器的使用寿命，还会提高容器的失效概率。

维护保养。不按时对容器进行保养，会导致容器损伤加剧，提高容器的失效风险。例如，不定期排污，容器内都是积水，导致了容器的腐蚀；不按时更换密接紧固件，增加了容器的泄漏风险；不定期对容器进行防腐层和保温层的维护，导致容器外表面腐蚀严重，有的容器连支承都腐蚀掉了，容器外表面腐蚀严重、容器的支撑腐蚀严重如图3-3、图3-4所示。

定期自行检查。自行检查要有针对性，要以降低容器的失效风险为目的,而不是以应付各相关部门的检查为目的。比如对于以泄漏失效为主的容器,在定期检查时,应以密封紧固件、接管角焊缝等部位的检查为主,防止容器发生泄漏失效;对于以强度失效为主的容器,应以防腐层、保温层的检查,以及壁厚检测、工艺腐蚀性介质的控制为主。

图 3-3 容器外表面腐蚀严重

第三章　压力容器定期检验的风险识别

图 3-4　容器的支承腐蚀严重

三、对所有的风险点进行风险排序

在识别出容器的所有风险点后，要对这些风险点进行风险分析并按照这些风险点的风险水平进行排序。风险排序是为了识别出容器的高风险区域，从而对该区域加强检验，降低容器的风险水平，提高容器检验的针对性。

1. 风险排序的主要目的

风险排序就是对已经识别出的风险点的发生概率和危害程度进行综合评估。不同的风险点对容器的危害程度和导致容器失效的概率都不同。为此，既要评估风险发生的概率，也要评估其对容器的危害程度。综合两方面的因素来对风险点进行风险排序。对风险点进行排序有助于识别检验的重点，对于后续制订检验策略和应急措施都有重要的指导意义。

对于特种设备的使用管理，进行合理的风险排序也有着重要的意义。要分清楚哪些是比较危险的设备，哪些是一般危险的设备，哪些是不危险的设备；即使对同一台设备，也要分清楚哪些因素对设备来说是比较危险的因素，哪些是一般危险的因素，哪些是不危险的因素，只有搞清楚了这些，特种设备管理才具有层次和针对性。比如，分汽缸与储气罐相比，分汽缸比较危险，分汽缸与氟化氢容器相比，肯定是氟化氢容器比较危险，所以要对氟化氢容器加强使用管理。对同一台容器来说，导致其失效的因素也有很多，这些因素对设备的危害程度是不一样的。比如，对于一只储气罐来说，从失效模式的角度来说，其强度失效要比泄漏失效危险，从损伤模式来说，环境开裂要比腐蚀减薄危险。即使是同一种损伤模式，比如腐蚀减薄，导致腐蚀减薄的因素也有很多，如介质、温度及应力，就这 3 个因素进行比较，介质是腐蚀的主因，是危险也有因素，温度和应力是外因，可促进或者减缓腐蚀的进程。对这些因素进行细致的区分，有助于提高特种设备管理的针对性和层次性。

对于检验来说，风险排序是提高检验针对性和检验效能的重要途径。在检验中不可能对所有的风险点都加强检验，应该依据风险点的危害程度和发生概率对所有风险点进行排序，综合判断某一风险点的风险水平，识别出重要的风险点，对于那些能造成重大人员伤亡和财产损失，并且发生概率高的风险点应优先进行检验，并提高检验比例，从而降低容器的整体风险水平。

2.RBI常用的风险排序方法

对风险点的风险水平的分析评估，RBI常用以下3种方法。

（1）定性风险评估。这是一种基于专家判断和经验的风险评估方法，通常采用主观的方式来描述和评估风险。专家可以凭借经验和知识对风险点进行主观评估，并将其分为低、中、高3个等级，以帮助确定哪些风险需多加注意和着重处理。

（2）定量风险评估。与定性风险评估不同，定量风险评估试图用具体的数值来描述风险，通常涉及搜集和分析大量的数据，包括容器性能、环境条件、材料属性等的相关数据，以及计算风险的数值指标，如风险值、失效概率等。定量风险评估通常更精确，但也更复杂和耗时。

（3）风险矩阵分析。这是一种将概率和后果结合起来进行分析的方法，通常以矩阵的形式呈现。矩阵的行代表概率的等级，列代表后果的等级，交叉点上的值表示风险的等级。通过将概率和后果映射到矩阵中，可以快速确定不同风险的优先级，从而确定哪些风险需要优先处理。

上面是 RBI 对风险进行排序的常用方法，这 3 种风险排序方法非常依赖于检验员对风险相关因素的理解和其经验，同时又依赖大量的数据和分析，而且数据的准确性也影响对风险的判断，所以这 3 种分析方法都很难得到一个精准、比较客观的分析，不同的检验得出的风险等级很可能不同。

3. 基于损伤的检验的风险排序

在进行基于损伤的检验时，可以借鉴风险排序的方法和思路，但是对于风险的分析不需要进行定量、精准的分析，只需利用定性分析法和风险矩阵分析，判断出风险水平的高低或者对比出不同风险点的风险水平的高低即可。

（1）定性分析法。可以利用个人的经验，找出影响风险点的所有因素，围绕这些相关因素进行细致分析，评估出该风险点发生的概率和危害程度。比如腐蚀减薄，应首先找出影响腐蚀减薄的所有因素，其可能与介质浓度、温度、应力和材质的敏感度有关，根据这些因素并结合历次壁厚检测数据判断腐蚀减薄发生的概率。另外还要评估腐蚀减薄对容器的危害程度，如果容器压力低，介质无毒，即使因腐蚀减薄发生了失效，那失效后果也

第三章 压力容器定期检验的风险识别

是极其轻微的。因此,应综合风险点发生的概率和后果,对风险点的风险水平有一个综合的评判。

风险点发生的概率与导致该风险点的所有因素相关,细致地评估这些相关因素,才能准确判断风险点的发生概率。比如腐蚀减薄是一个重要的风险点,为了判断腐蚀减薄发生的概率,必须找出所有的相关因素。外表面的腐蚀减薄与防腐层、保温层、外表面温度等因素有关,内表面的腐蚀减薄与介质、材质、温度、压力等因素有关,要综合评估这些因素,才能准确判断风险点的发生概率。对于风险点的发生概率,还要考虑不同的相关风险因素对风险点的发生概率的影响。比如在检验一台容器时,容器存在腐蚀减薄现象,此时腐蚀减薄是容器的一个重要风险点,应该把导致腐蚀的所有因素列为相关风险因素。又如,储气罐的油漆层破损是一个相关风险因素,同时,安全阀是否按时校验也是一个相关风险因素。两个相关风险因素都可以导致容器发生强度失效,失效后果也都一样,那么此时就要判断哪一个因素更容易导致强度失效了,即对比发生的概率。油漆层破损会引起壁厚减薄,可能导致容器发生强度失效,从腐蚀减薄到强度失效是一个渐变的过程,这个过程是可以监测的,再加上使用单位可以采取管理措施,完全可以避免这个因素导致的失效,风险可以控制,所以失效的概率可以看作0;安全阀就不一样了,安全阀是否失灵是随机的,而且安全阀存在很多不安定因素，比如是否按时检验，整定压力是否符合要求，安全阀的口径及进口接管的直径是否符合设计要求等很多不安定因素导致了风险的不可控，风险较高，失效发生的概率也就较高。

对于每一个风险点，还要评估其对容器的危害程度。比如腐蚀减薄和环境开裂都是容器的重要危险点，但是腐蚀减薄对容器的危害要小于环境开裂。腐蚀减薄可以实时在线监测，而环境开裂无法在线监测，而且只有停车开罐后才能判断容器是否发生了环境开裂。腐蚀减薄对容器的失效风险是可控的，而环境开裂存在随机性，其又难以在线监测，所以环境开裂导致的风险可以判定为不可控。另外还要注意，风险点的危害程度会随着外部环境的变化而变化。比如夹渣，在低压时完全可以忽略它对容器的危害，但在高压时却完全不同，夹渣在高压下长期服役，非常容易衍生新的缺陷。

（2）风险矩阵分析法。这里的风险矩阵分析法不完全像RBI中的风险矩阵分析方法，因为检验员没有精力去搜集大量的数据并对其进行细致的分析，所以需要对风险概率和后果的分类进行调整，以便于对风险进行排序，我们可以把这种调整后的风险矩阵分析法称为半定量的分析方法。调整后的风险排序方法即使做不到RBI中的风险矩阵分析方法那么精确，但并不影响对风险点风险水平的风险排。

第三章 压力容器定期检验的风险识别

调整后的概率可以结合容器的工况环境、损伤失效模式、使用单位的实际管理水平及实际情况，分为0、1、2、3等不同等级。0表示发生概率极低或者基本不可能发生，数字越大，发生的概率越大。这里的分类精度在满足要求的情况下，可以由检验员自己设定。对于发生的概率，要根据风险的相关因素去判断其发生的可能性，而不用像RBI那样，通过评估一个风险点一年内会发生几次风险而去判断其发生的可能性，因为这在基于损伤的检验中是不可能实现的。比如硫酸的腐蚀减薄，主要与温度和浓度有关，如果设备的实际工作温度和介质浓度均不在敏感的范围之内，而且容器在之前的检验中未发生过腐蚀减薄，那么我们就可以把该风险点发生的可能性定为0。如果按照《承压设备损伤模式识别》（GB/T 30579—2022），介质、温度对材质的腐蚀非常敏感，而且历次的检验数据示显容器发生过严重的腐蚀，那么其发生概率就可以设定为最大值，表示完全可能发生。

对后果的分类也需要进行调整，因为基于损伤的检验，检验员没有精力和时间进行大规模的数据搜集和分析，所以对后果的分类不可能像RBI那么细致。我们可以简化后果的分类，最简单的情况是将后果分为有和没有。如果相关数据完善，检验员可以根据设备的位置、介质的性质、压力的大小、温度的高低、体积的大小等因素对后果进行更为细致的分类。后果的严重程度是采取检测手段和检测比例的依据,制订检验策略时可以根据后果的严重程度调整检测手段和检测比例。将概率和后果按照表3-1相乘,可以得到相应的风险水平。数值越高,风险水平越高。

改造后的矩阵风险分析方法简单易执行,虽然比较保守,但是非常实用,不需要大量的数据支撑,仍然可以对风险点的风险评估水平有一个定性的分析。

表3-1 风险矩阵

概率	后果			
	0	1	2	……
0	0	0	0	……
1	0	1	2	……
2	0	2	4	……
……	……	……	……	……

第三节　如何准确判定容器的失效模式

一、失效模式概述

1. 什么是失效模式

在检验一台容器时,首先要想到思考这台容器会不会发生事故,以及以什么样的形式发生事故,这就是其失效模式。发生事故是容器失效的一种极端形式,容器没有发生事故而失去原有的设计功能是另一种重要的失效形式。比如,容器在热作用下发生了变形,虽然没有发生事故,但是容器的强度及结构都受到了破坏,导致容器无法使用而失效。

压力容器长期在外界环境的作用下服役,比如应力、介质、温度等因素,可使容器的材料性能、尺寸结构等方面发生变形或丧失应有的设计功能,导致容器失效。压力容器结构复杂,工作环境恶劣,其主要受压元件、承受载荷的非主要受压元件、安全附件及仪表等都是影响压力容器安全运行的关键因素。压力容器的强度、刚度、密封性、稳定性、耐蚀性等中的任何一个因素出现失效,都会引发潜在的危险,带来严重后果。

2. 失效模式的分类

对于压力容器的失效模式,*Boilers and pressure*

vessels 列出了 3 大类、14 种（表 3-2）。

表 3-2 失效模式的类型

失效模式的类型	说明
短期失效模式	非循环性载荷产生的即发失效或瞬间失效
	1. 脆性断裂
	2. 延性断裂
	3. 过度变形导致接头泄漏
	4. 局部过度变形导致裂纹或延性撕裂
	5. 弹性、塑性或弹-塑性失稳（皱褶）
长期失效模式	非循环性载荷导致的延迟失效
	1. 蠕变断裂
	2. 蠕变-机械接头处蠕变-过量变形或导致不可接受的载荷传递
	3. 蠕变失稳
	4. 冲蚀或腐蚀
	5. 环境诱发开裂（包括应力腐蚀裂纹、氢致裂纹等）
循环载荷失效模式	1. 渐次塑性变形
	2. 交变塑性
	3. 弹性变形疲劳（中度和高度循环疲劳）或弹-塑性变形疲劳（低循环疲劳）
	4. 环境促发疲劳

表 3-2 中的失效模式比较详细，在实际检验中，这种分类方式比较复杂，不便于风险点的识别和检验策略的制订，需要将分类进行合理的简化。我们可以将常见的失效模式分为：强度失效、泄漏失效、刚度失效、失

第三章　压力容器定期检验的风险识别

稳失效。

（1）强度失效。强度失效是指压力容器在压力或其他载荷作用下，其材料屈服或者断裂而引起的失效模式。强度失效的表现形式有很多种：第一种，在应力或者其他载荷作用下的直接开裂，包括韧性断裂、脆性断裂、疲劳破裂、腐蚀破裂和蠕变破裂等各种形式的直接开裂，导致这种开裂的主要原因是材料本身存在缺陷，或者焊缝存在焊接缺陷，或者焊接残余应力高；第二种，腐蚀或者应力腐蚀作用导致的穿孔或开裂，比如腐蚀穿孔和裂纹等，导致这种失效的主要是介质、应力及制造缺陷等因素；第三种，压力容器长期在高温下服役，容器的材质劣化引起的强度降低或容器结构发生变形，从而导致容器的失效，其原因是材料的热性能发生变化或者设备长期超温服役。在检验中，容器焊缝内部存在的开裂、表面开裂、腐蚀坑或者孔都可以归类到强度失效。对强度失效的判断，在实际的检验中必须结合容器的实际工况进行，充分考虑容器的压力、介质、温度等因素，而不是机械地按照其分类和定义进行判断，因为这样很容易导致判断不准确。比如工作压力很低时，容器就不大可能发生强度失效，即使容器内部有可能存在裂纹，那么在如此低的压力下，裂纹也不容易扩展，毕竟裂纹的扩展是需要能量的。

（2）泄漏失效。泄漏失效是指压力容器的各种密封紧固件失效,或者压力容器母材、焊缝出现穿透性裂纹,或者腐蚀孔发生泄漏而引起的失效。这是泄漏失效的标准定义,但是,在实际的检验工作中,判断泄漏失效还要考虑失效的后果,如果泄漏的介质是无毒的,不易燃易爆,泄漏后不会造成任何后果,那么就不用判定它为泄漏失效,从而可将检验的重点转移到其他方面。比如,检验一台储气罐,储气罐确实比较容易发生泄漏,但是泄漏了不会造成任何后果,就不能判定储气罐存在泄漏失效模式,而应该把储气罐的失效模式判定为强度失效,因为强度失效引起的后果要比泄漏失效的后果严重得多。这是实际检验中对泄漏失效的识别与理论上的不同,这点应该引起注意,毕竟判定失效模式是为检验服务的,是为了在有限的检验资源下抓住检验重点,提高检验的针对性,这才是最重要的目的。所以,所有的失效模式的判定都应该为了检验而做出适当的调整。

(3)刚度失效。刚度失效是指压力容器的弹性变形量过大导致影响其正常工作而引起的失效。比如,大型塔器在风载荷、雪载荷等作用下发生过大的弯曲变形,造成塔盘倾斜而影响塔的正常工作;还有换热器的管板、密封结构等零部件,其刚度不足会发生过大的弹性变形,导致失去正常的功能。平板端盖的厚度非常容易出问题,有的是因为制造时把平板端盖的厚度弄错了,有的是因为在进行车削的时候,车薄了,所以在检验时要对平板端盖的厚度进行确认，不要盲目自信地认为肯定不会有问题。平板端盖的厚度不是单单基于强度进行计算得到的，平板端盖之所以那么厚，是因为平板端盖承受了较大的弯曲应力，如果厚度不够，刚度不足，就会发生较大变形，给容器的安全运行带来隐患。

（4）失稳失效。失稳失效是指在压力作用下，压力容器突然失去其原有的规则几何形状而引起的失效，其重要原因是弹性挠度和载荷不成比例。

3. 失效模式识别的作用

容器到底为什么会发生事故？哪些原因导致了事故的发生？以什么样的方式发生事故？通过哪些方式可以避免事故的发生？如果能提前预知事故可能以哪种方式发生，那么就可以采取相应的措施，预防事故的发生。即使所有的预防措施都失效了，还有相应的应急救援预防措施，其可最大限度地减轻事故的后果。失效模式的识别是制订检验策略和应急救援措施的重要依据。知道了容器以什么样的模式发生事故，那么在检验时，就可围绕失效模式选择合适的检验手段，来避免失效的发生。使用单位可以针对容器的失效模式，制订相应的应急预案，加装应急救援设施，定期进行应急演练，确保应急预案和应急救援设施可靠；同时，对容器加强使用管理，进行有针对性的日常自行检查，可及时排查容器潜在的失效风险。

二、如何识别失效模式

如前文所述，容器常见的失效模式有强度失效、泄漏失效、失稳失效、刚度失效，最常见的是强度失效和泄漏失效。一台容器可能以什么样的模式失效，应该根据容器的结构形式、工作参数，按照《承压设备损伤模式识别》全面分析失效模式的失效机理，准确判断其失效模式。同时，还要结合容器的失效后果，主要是容器失效所造成的财产损失和人员伤亡的程度。比如两台相同的容器，一台容器旁边人来人往，一台容器在一个人迹罕至的角落，那么两台容器失效后所造成的后果绝对不一样。对于后果严重的容器，我们应该加强检验，比如适当增加无损检测比例或者无损检测手段等。对同一台容器来说，应该优先关注失效后果比较严重的那种失效模式。比如，对于一台氟化氢容器来说，由于氟化氢介质的特性，氟化氢容器的工作压力往往是0.1Mpa左右，其发生强度失效的概率非常低，即使容器焊缝内部有裂纹，裂纹也不会轻易发生扩展而导致开裂。相反，由于氟化氢介质的危害性，更应该关注其泄漏失效。氟化氢容器一旦泄漏，将会造成较大的人员伤亡和财产损失。对于氟化氢容器来说，不管是检验，还是使用管理，都应该优先关注容器的泄漏失效。

三、失效模式的相关因素

影响失效模式的主要因素有应力、温度、介质。

首先,应力对失效模式的影响非常大。当应力水平较低时,可以不用考虑容器的强度失效;但是,随着应力水平达到一定程度,必须考虑焊缝在高应力及其他因素的共同作用下所导致的开裂,进而导致容器的强度失效风险;当容器的应力水平非常高时,不但要考虑容器的强度失效,还要考虑容器的泄漏失效,因为在这种工况下,往往意味着容器的应力非常高,一方面,应力高可以导致密封紧固件的过度变形而发生泄漏;另一方面,在应力高的工况下,不管介质是否有毒或者易燃易爆,一旦泄漏都会导致周围设备或者人员的伤亡,所以在高应力的工况下,必须考虑容器的强度失效和泄漏失效风险。

其次,容器长期在高温下服役,一方面,温度越高,强度越低,容器越容易发生强度失效;另一方面,容器长期在高温下服役,材料的微观组织就会发生变化,组织的变化会导致材料的各种力学性能的变化,其中影响最大的就是材料抗拉强度及屈服强度的下降,这将直接导致材料厚度不足,发生强度失效。

最后,介质对失效模式的影响非常大,对于有毒、易燃易爆以及不允许微量泄漏的介质,应该优先考虑泄漏失效,因为一旦泄漏就有可能造成人员伤亡和财产损失。介质的毒性越强，越应该关注其泄漏失效。比如同一台储气罐，设计介质为空气/氮气，虽然是同一台容器，但是如果实际使用介质不同，也会有很大的不同。如果实际使用的介质为空气，那么，将优先考虑这台容器的失效模式为强度失效，主要原因是强度失效的后果要远远严重于泄漏失效的后果。比如储气罐爆了，封头飞出去了，很有可能会伤到人，相反，即使这台容器泄漏了，在不影响容器稳定性的前提下，它基本不会有不利后果，所以可不考虑泄漏失效。如果这台容器使用的是氮气，情况将大不一样。虽然在这种情况下，容器仍然有可能发生强度失效，而且强度失效的后果很严重，但是对氮气储气罐来说，氮气的腐蚀性要远小于空气，空气在水的腐蚀下会导致腐蚀减薄，有强度失效风险，但氮气却不易发生腐蚀减薄，与空气相比，氮气发生强度失效的概率大幅降低，但同时，氮气如果发生泄漏，人吸到氮气会中毒，所以氮气储罐要考虑泄漏失效，特别是氮气储罐位于相对封闭的环境中时，更应该考虑泄漏失效。这就是不同介质对失效模式的不同影响。

第三章　压力容器定期检验的风险识别

第四节　如何准确识别容器的损伤模式

一、损伤与失效的关系

损伤并不一定导致失效，但是损伤累积到一定程度就必然会导致失效。比如减薄，有很多容器时时刻刻都在发生着腐蚀减薄，但这些容器仍然在使用，说明正在发生的减薄并没有引起容器的失效，只有减薄累积到不满足强度要求时，容器才会发生失效。

二、损伤模式的识别

不同的损伤模式意味着不同的风险级别，所以要准确识别容器的损伤模式，从而准确判定容器的风险等级。对于风险级别高的损伤模式，要增加检测手段，提高检测比例，确保检测部位具有代表性，从而确保缺陷不被漏检、误检。损伤模式的识别要注意以下几点。

1. 要对容器所处的生产工艺条件有清晰的了解

企业的生产工艺决定了容器的工况环境，包括容器的载荷、压力、介质、温度等影响损伤的重要参数。同时还要了解容器在过去的使用中其工艺条件是否发生过变化。工艺条件的变化，往往会导致损伤的复杂化。特别是一些化工厂，生产工艺复杂，容器的设计介质往往只有一种或者两种，但是根据工艺条件，容器内的介质可能既有原料，又有反应的中间物，也有反应后的最终产品，这么多的介质混合在一起，已经远远超出了设计的要求。如果不结合实际工艺条件进行损伤模式的识别，很容易出现偏差。比如，很多储运公司的球罐，由于客户的需求，经常变更储存介质，导致容器的损伤模式难以识别。还有的企业为适应生产的需要，提质增效，扩大产能，导致容器的载荷变大，加剧了容器的损伤。还有的企业为了提高产品的性能，擅自改变容器的工作介质，导致容器发生事故。在检验时，一定要弄清楚容器的工艺情况，了解清楚容器的工况环境，以及工艺条件是否发生过变化。同时，还要考虑工艺系统内的杂质元素对容器损伤的影响。在检验中常发现有些容器出现毫无原因的腐蚀和开裂，经对试样化验分析后才发现是系统内的杂质元素导致了容器的损伤。图 3-5 是一台储气罐的接管发生的腐蚀泄漏穿孔，经化验分析是空气中含有废气，废气在潮湿的空气的作用下形成酸，导致了接管的腐蚀穿孔。

第三章 压力容器定期检验的风险识别

图 3-5 一台储气罐的接管发生的腐蚀泄漏穿孔

2. 损伤模式的识别要准确

损伤模式按照 GB/T 30579—2022 的要求进行识别即可，但是识别一定要准确。因为不同的损伤模式，其缺陷形态将大为不同，后续所采取的检测方法、检测比例以及检测方法的有效性也有所不同，从而也会导致风险水平的不同。比如腐蚀减薄，很好识别，也很好检测，随时都可以对壁厚进行检测。但是，如果是环境开裂就不行了，只有在停车开罐后，通过无损检测，才能判定是否发生了环境开裂。还有的损伤并不一定能检测出来，比如材质劣化问题，如果发生在外表面，可以通过金相或取样分析进行判定。但是如果发生在内部，就无法进

083

行检测了。另外，材料即使发生了材质劣化，又不是全部都发生了材质劣化，如何能保证取样刚好取到材质劣化部位，是有一定难度的。

GB/T 30579—2022 只是列出了可能发生损伤的情况，但是在实际的检验中，往往即使满足了这些条件，也并没有发生损伤。这种情况其实并不奇怪。有时需要多种因素叠加在一起才会导致损伤的发生，有时许多因素相互抵消，可能又避免了损伤的发生。GB/T 30579—2022 只是给出了导致损伤发生的敏感性因素，具体到某台容器的损伤时，还是要根据容器的工作参数，细致评判容器的相关因素，准确识别容器的损伤模式。损伤模式决定了检测方法和检测比例的选择，一旦出现偏差，就会导致检测无效。特别是一些换热容器，如果随便评定为具有环境开裂倾向，那么就需要拆卸容器，对内表面进行表面检测，一旦损伤模式识别错误，将导致浪费巨大的检验成本。在检验中要对介质进行细致的区分，同一种介质在不同的状态下，对容器的损伤截然不同。比如氨，气体氨或者纯液氨都无法对容器造成损伤，只有液氨中混入一定的杂质元素才能引起氨腐蚀或者氨应力腐蚀开裂。所以不要一看到氨，就认定存在氨应力腐蚀开裂。在有些情况下，判断是否存在某一种损伤模式可能比较困难，可以结合过去检验周期内，容器的累积损伤程度及缺陷的发展速率来进行判断，从而提高损伤模式识别的准确性。

　　损伤模式的识别还要搞清楚损伤背后的机理,才能准确识别损伤模式。比如,一看到容器内有氢气,温度又满足要求,就立即判断容器存在高温氢腐蚀,其实这是不对的。氢腐蚀,首先要有氢原子,同时温度要高,有氢气但没有氢原子也不行。其次压力高,氢分压才高,氢原子才能渗入组织内部,才有可能发生高温氢腐蚀。

第四章
影响风险的常见因素

　　本章介绍的这些因素,其本身可能就是重要的风险点,还可以构成其他风险点的相关风险因素,深刻理解这些因素,可以提高风险点识别的能力,帮助我们找出影响风险点风险水平的相关因素,同时还可以加深对失效和损伤模式的理解。

第一节　工况环境中的风险因素

压力容器的工况环境参数主要包括应力、温度、介质、材质和体积。应力、温度、介质是导致失效和损伤的最主要的3种因素。这3种因素本身不但能直接导致失效，而且与其他因素组合还可以导致各种损伤，同时，不同因素会相互影响、相互作用，导致损伤的加剧。比如，应力水平过高会直接导致容器发生强度失效；在应力的作用下还会加速腐蚀和开裂；应力、介质和材质的组合可以使容器发生应力腐蚀开裂。其实所有损伤模式的产生原因都可以归结到这几种因素。比如所有的腐蚀减薄都与介质、温度、材质有关；所有的环境开裂都与应力、介质、材质有关，而温度又加速了环境开裂的进程。

材质作为容器承受压力的主体，是被损伤的对象，但同时也正是材质的"配合"才会导致特定的损伤模式。比如应力腐蚀开裂，只有腐蚀介质，若材质不敏感，也不会导致开裂。所以，材质是影响损伤的一个重要因素，也是在识别失效和损伤模式时所必须考虑的一个因素。体积虽然不直接参与容器的失效和损伤，但是体积加重了容器失效的后果，因此，其也是影响容器安全的一个

第四章　影响风险的常见因素

重要因素。材质和体积也是我们识别风险和制订检验策略的两个非常重要的因素，所以把这两个因素和其他3个因素放在一起，作为影响容器风险最为重要的5个因素。我们要充分理解这5个因素对压力容器的重要影响，其是理解容器失效和损伤的根本。

一、应力

大部分检验员在检验的时候，很少去考虑应力问题，也很少知道应力到底是什么，只是凭感觉说这里应力集中，那里应力很复杂，至于为什么复杂，为什么会集中，并不是太清楚。他们在检验的时候，也很少用到应力测试设备。应力水平是影响开裂的一个重要因素，特别是受力复杂的容器，随着长时间的服役，焊缝存在原始缺陷处很有可能会产生开裂。应力高不一定开裂，但是高应力加上原始缺陷，很有可能会引起开裂。例如，我们在扬子石化检验吸附塔时，发现了多处开裂，经过有限元分析，这些开裂刚好处于高应力区域，即图4-1中裙座与下封头的交界区域，该区域的应力集中，后来在维修的时候还发现，有几处开裂就是原始缺陷衍生出来的（图4-2）。又如南通千红石化的2台球罐总是在相似的位置开裂，后经残余应力测试证实，此处的应力确实存在异常。

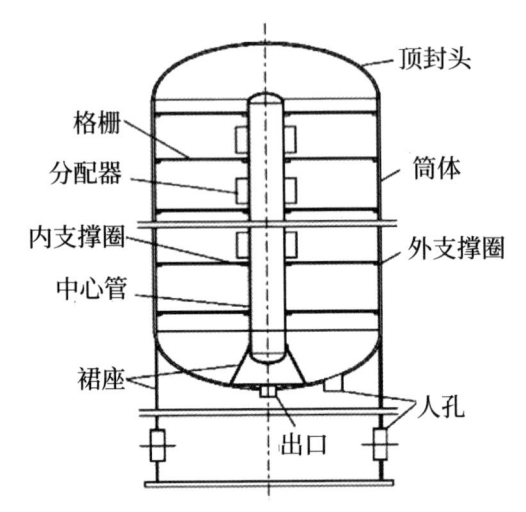

图 4-1 扬子石化的吸附塔的示意

图 4-2 原始缺陷衍生出的裂纹

应力对于压力容器的安全运行影响重大，直接影响着容器的失效和损伤模式。应力不但其本身可以直接导致容器的失效，而且还可以加剧其他损伤的恶化。应力

第四章　影响风险的常见因素

应该引起足够的重视，我们必须深刻理解各种应力对失效和损伤模式的影响。检验容器时，对导致应力水平升高的相关因素都要进行细致的识别和判断。

1. 应力本身可以直接对容器失效和损伤产生影响

应力的大小、应力的周期性变化、应力的急剧变化都会直接对容器产生不同的失效和损伤模式，对容器的安全使用有着重大的影响。

（1）压力的大小对容器的影响（静载荷）。在检验时，压力的大小给我们最直观的感受是：压力低的容器检验很安全，压力高的容器检验很危险。其实我们仅仅通过压力就可以大概判断容器风险水平的高低。因为压力低就会避免很多损伤模式的发生，而且低压容器发生事故，其后果要远远比高压容器轻微。压力随着升高，对容器本身的危害越来越严重，一旦失效，所引起的后果也越严重，容器的风险也越来越大。

应力不断升高，当超过材料的屈服强度时就会使容器发生强度失效，应力的升高还会导致密封紧固件的失效，从而导致容器发生泄漏失效。在检验时，对于高压电容器不但要关注其强度失效，还要关注其泄漏失效，不管其介质是否有毒，一旦发生泄漏，同样会造成大的人员伤亡和财产损失。比如在检验加氢反应器的时候，不但要注意进行埋藏缺陷的检测，防止发生强度失效，同时还要对接管角焊缝进行表面检测，对密封紧固件做好宏观检查，必要时应进行气密性试验，防止其发生泄漏失效。其实，对高压加氢反应器进行气密性试验，不仅因为氢气易燃易爆，更重要的是高压气体一旦泄漏必然对人员或者设备造成严重的伤亡或者损坏。

在高应力作用下，原始缺陷处会衍生出新的缺陷。比如夹渣在低压下对容器的影响可以忽略不计，但是在高应力环境下长期服役，这些夹渣或者气孔就会衍生出新的缺陷。又如我们在球罐检验时，在先前的几次定期检验中，都没有发现问题，但是随着球罐的长时间服役，球罐焊缝内部开始出现开裂，在对开裂焊缝进行修理时，发现有一部分开裂就是原始缺陷衍生出来的。

应力过大还会导致容器发生变形。一次应力对容器产生整体性的影响，随着应力的增加，容器产生整体变形，当应力超过屈服极限时，变形加剧。二次应力作用于局部，会导致容器发生局部变形。不管是一次应力，还是二次应力，都会导致容器变形，应力越大，变形越大。我们在检验塔器时，发现塔盘不平，或者塔盘再次安装时出现安装不上的现象，这就是由于塔器在自身载荷及内压力下或者温度应力的共同作用下产生了变形。

总之，当面对单一的应力因素时，假设其他因素对容器不造成任何影响，如果压力处于很低的水平，可以不用考虑强度失效；如果压力处于一定水平，我们应该考虑强度失效；若压力处于较高水平，要考虑强度失效

第四章　影响风险的常见因素

和泄露失效。随着压力的升高还要考虑容器的变形问题，应对容器的几何尺寸进行检查，确认容器是否因应力产生了较大的变形。应力高导致的损伤主要有开裂，包括表面开裂和焊缝内部的开裂以及角焊缝的开裂；压力高还会导致泄漏失效，主要是高压作用下的密封紧固件的失效、变形。

（2）应力频繁变化对容器的影响（交变载荷）。应力的频繁变化会导致容器的疲劳断裂。容器运行时，应力的频繁波动会影响容器材料的抗疲劳性能。容器的频繁开停车、操作压力的频繁波动以及载荷的波动，都会引起应力的波动。根据波幅和频率，应力变化可以分为很多种，在实际检验中不可能根据材料的疲劳曲线图去精确判断出容器是否发生了疲劳以及疲劳的损伤程度，只能根据容器的基本工况大概判断容器是否存在疲劳损伤的可能。当应力低于材料的疲劳极限时，理论上应力的变化不会造成疲劳损伤，但是由于疲劳极限受到应力集中或者结构及其他环境因素的影响，疲劳极限会下降，此时对于一些材料可能很难判定其疲劳极限，所以我们在检验时，很难断定一台容器的应力变化是否会导致容器的疲劳损伤。在低应力水平下，频繁的压力波动也可能导致疲劳损伤，虽然整体应力水平低，但是要注意应力集中区域，这里的应力水平高，极易导致疲劳损伤；对于高应力，低频繁的应力波动同样可以导致疲劳损伤。

比如，一些大型的吸附塔，其本身压力大、载荷大，而且载荷会波动，在这种情况下要注意应力集中区域的焊缝是否存在疲劳损伤。对于明确按照疲劳设计的容器，还有标注疲劳次数的容器，都应该注意应力的波动对容器的影响。虽然一些灭菌器、蒸压釜、染缸等容器，不是按照疲劳设计的容器，但是由于其频繁开停车，也要注意应力集中区域的疲劳损伤情况。对于承受交变载荷的容器，还要注意介质腐蚀性、温度、材料本身的缺陷对疲劳损伤的影响。比如腐蚀性介质对疲劳是不利的，降低了材料的疲劳极限，会加速疲劳裂纹的扩展，对于一些承受交变载荷的容器，使用耐腐蚀钢可以有效提高耐腐蚀性能；温度对疲劳也有着重要的影响，高温度下材料的强度和刚度会降低，材料的抗疲劳性能会显著下降；焊缝中遗留的原始缺陷，比如气孔、夹渣、咬边、错边等都会导致疲劳极限的大幅下降。这些因素都是在检验承受交变载荷的容器时应该注意的。以下这个案例是多因素导致的疲劳开裂，可以加深我们对应力周期性变化所导致的疲劳开裂的理解。

江苏某纸业有限公司的 1 台烘缸，容器内径为 1 500 mm，长为 1 800 mm，筒体壁厚为 20 mm，两侧平板封头的厚度为 30 mm，设计图纸注明的设计压力为 0.40 Mpa，工作压力为 0.30 Mpa。该烘缸投用 5 年后，筒体与封头焊接角焊缝发生泄漏。为了不影响生产，设备管理部门私自补焊后继续使用。在使用1个月后烘缸发生爆炸，筒体与平板封头端裂开，喷出的高温蒸汽烫伤了数名操作工。经对现场分析发现，断口部位发生在补焊位置，断口内侧密布细小裂纹。事故结果分析显示，由于设备的结构特点，平板封头与筒体连接的角焊缝容易产生应力集中，运行时温度达157℃，事发时容器压力超过允许工作压力，达到0.40Mpa。高温环境、交变应力加上超压运行的共同作用导致容器产生疲劳开裂。

总之，应力的变化可能会因疲劳断裂而导致容器发生强度失效，同时各密封紧固件还可能因承受应力波动而松弛，导致泄漏失效；应力变化导致的损伤模式主要是疲劳；在检验时还应注意应力水平及其他外部因素对疲劳损伤的影响。

（3）应力急剧升高对容器的影响（冲击载荷）。压力容器在短时间内突然受到应力的变化，比如压力的急剧升高和波动、容器内工作介质的冲击、设备的突然启动等，这种突然变化的动载荷也叫冲击载荷。在冲击载荷的作用下，材料来不及发生塑性变形，会导致脆性断裂。在冲击载荷的作用下，可能会导致容器的变形、断裂和疲劳。冲击载荷过大，超过材料冲击性能的承受极限，材料将发生冲击断裂；容器被反复施加冲击载荷，也可能导致疲劳损伤。

冲击载荷对压力容器的主要影响是变形、断裂和疲劳。在检验时应该仔细检查导致冲击载荷的相关因素，评估冲击载荷对容器的影响。轻度的冲击可能使容器仅仅产生局部的变形或者损伤，而重度的冲击可能会导致容器结构的变形和断裂。在检验时，尤其要注意外部压力源远远大于容器本身压力的情况、带减压系统的容器、容器内介质发生反应能导致压力急剧升高的容器、需要反复升压或降压的容器，这些容器都存在承受冲击载荷的可能。特别是容器内介质发生反应能导致压力急剧升高的容器更应该引起重视，多年前，南通某公司的一台反应釜，釜内物料反应会生成大量气体，所以，公司正常生产时，为了确保釜内压力稳定在允许范围内，对投料量进行严格控制。由于操作员失误，在投料结束后没有及时切断进料阀，大量物料仍被继续投送到釜内，釜内生成大量的气体，压力急剧升高，封头因不能承受巨大的冲击载荷而发生脆性断裂，导致容器失效。又如南通某公司的一台热处理釜，公司为了提高石墨的性能，擅自将容器的原设计介质酚醛树脂改变为呋喃树脂，呋喃树脂在高温下与固化剂发生剧烈反应，生成大量易爆气体，釜内压力急剧升高，容器在冲击载荷下发生脆断（图4-3、图4-4）。

这些容器往往因冲击载荷较大而发生强度失效，同时密封紧固件也可能因冲击载荷而失效，进而导致泄漏失效。同时，也要关注冲击载荷对容器的结构所造成的

第四章　影响风险的常见因素

影响，比如局部变形或者整体变形，造成的损伤主要是开裂和疲劳。在检验时，应重点对几何尺寸进行检查，判断是否存在局部或整体变形；对焊缝进行检查，判断其是否存在开裂现象；对支撑进行检查，看看其是否因冲击载荷而发生变形；对密封紧固件进行检查，看看其是否因冲击载荷而失效。

图 4-3　事故现场

图4-4 容器的封头断口

2. 应力可以导致其他损伤的加剧

（1）应力加剧腐蚀。

加剧应力腐蚀。应力腐蚀是腐蚀介质在应力作用下对材料的一种腐蚀。应力腐蚀必须满足一定的条件，就是材料对某种介质具有敏感性。应力并不能加剧所有的腐蚀，但是在一定条件下，应力可以加速物理化学反应、电化学过程或者破坏腐蚀防护体系，从而加速腐蚀过程。比如不锈钢的抗腐蚀性在应力的作用下，会变弱，主要原因是应力破坏了不锈钢表面的一层保护膜，破坏了不锈钢的抗腐蚀性能。

加剧腐蚀疲劳。如果材料承受交变载荷，同时又在腐蚀介质作用下，就会产生腐蚀疲劳。与应力腐蚀不同的是，腐蚀疲劳不需要材料与介质匹配，只要材料受到交变载荷且处于腐蚀环境中，那么腐蚀疲劳必然会发生。疲劳腐蚀与应力的大小、腐蚀介质的腐蚀性和材料的特性有关。

应力对腐蚀的影响主要与应力水平、介质的腐蚀特性和材料有关，导致的失效模式主要是强度失效，导致的损伤模式主要是腐蚀。检验时应根据应力、介质和材质仔细评判应力对腐蚀的影响。

（2）应力导致应力腐蚀开裂。

应力腐蚀开裂是特定材质和特定介质在应力作用下，由腐蚀坑或腐蚀裂纹逐渐演变成断裂的一种过程。应力腐蚀开裂的主要特点是腐蚀和裂纹共存。如果没有应力的作用，材料只会发生腐蚀，而不会发生开裂。应力腐蚀开裂需要3个条件，一个是特定的材料，其对应力腐蚀开裂敏感，一个是介质必须具有腐蚀性，一个是应力必须达到一定的水平，只有3个条件同时满足，才能发生应力腐蚀开裂，应力在其中起到了重要的作用。在应力腐蚀开裂的不同阶段，应力的影响并不相同。在应力腐蚀开裂的萌生阶段，应力使腐蚀产生了裂纹，这一阶段应力的影响较小；在裂纹的扩展阶段，应力加速了裂纹的扩展，导致了材料的开裂。应力腐蚀开裂与单纯的应力导致的开裂不同，单纯的应力所导致的开裂，应力必须达到材料的抗拉强度，材料才会断裂，但是应力在很低水平就会导致应力腐蚀开裂。但是这里要注意，这里的应力既包括压力及载荷所引起的应力，也包括焊接残余应力、结构不连续所导致的应力集中等，有时候容器的压力虽然比较低，但是其他因素导致的局部应力较大，超过了导致材料环境开裂的临界应力（应力腐蚀临界应力强度因子），同样也可以引起应力腐蚀开裂。应力腐蚀开裂还受 pH 的影响，比如氯化物的应力腐蚀开裂，在应力作用下，如果氯离子在酸性环境下（pH<2）往往只产生腐蚀，不会导致开裂，只有在碱性环境下才会发生开裂。

如果存在应力腐蚀开裂环境，应根据容器的应力水平、介质中有害因子的浓度及其腐蚀性、材质对应力腐蚀开裂的敏感性，并结合历次检验情况综合判断应力腐蚀开裂发生的概率。应力腐蚀开裂主要导致容器的强度失效和泄漏失效，导致的损伤模式主要是开裂。在检验时，重点检测应力集中部位、介质浓缩部位、硬度异常部位。要求使用单位严格控制介质中有害因子的浓度，并定期对其浓度进行检测；可以加入缓蚀剂，避免应力腐蚀开裂。

二、温度

我们定期检验容器时对材料力学性能的变化关注得较少，尤其是对材料在温度作用下其力学性能的变化关

第四章　影响风险的常见因素

注得就更少了。对于材料来说，最重要的是其各种力学性能，在大部分情况下，哪怕是在较低的温度下，碳原子及一些其他杂质原子，随着时间的推移，都在进行着扩散，这些原子的扩散，意味着组织发生着微观的变化，组织的变化导致材料各种力学性能的变化。检验中的测厚、强度计算及应力分析都是假定材料的性能没有发生任何变化，一旦材料的性能变了，测厚、强度计算及应力分析，都将变得不再那么准确了。直到现在，我们还没有有效的手段来在线精确测定材料的各种性能，特别是材质劣化问题，我们甚至很难搞清楚一小块材料的材质劣化问题，那么就更难搞清楚整个容器的材质劣化问题了。我们有必要搞清楚温度对材料性能的影响，并不断积累相关的数据，以对压力容器的安全状况做出正确的评估。

　　温度对材料有着复杂的影响，基本所有的损伤都与温度有关。温度既可以与其他因素一起加速对材料的损伤进程，也可以直接导致材料力学性能的恶化，严重威胁容器的安全运行。从微观上看，温度可以导致微观组织的变化，从而导致材料各种力学性能的变化；从宏观上看，温度可以使容器发生结构上的变形。温度导致的各种失效模式比较复杂且又难以测定。比如容器上发生回火脆化，无法通过金相、硬度或者无损检测测定其回火脆化状态，只能通过对设置的腐蚀挂片进行冲击试验才能评定其回火脆化状态，但是企业往往都没有设置腐蚀挂片，因此检验时无法评定其回火脆化状态，使这种损伤成为风险可控。温度所导致的损伤模式种类繁多，有时候是多种损伤模式共存，使损伤模式的识别更加困难。所以我们有必要弄清楚温度对材料力学性能和损伤的各种影响，只有了解了温度所导致的各种失效模式和损伤模式，才不会造成风险点的误判、漏判。

1. 温度对材料力学性能的影响

（1）高温对材料力学性能的影响。

随着温度的升高，材料结构的稳定性变差。任何物体都会热胀冷缩，金属材料也不例外。在高温下，分子热运动越来越剧烈，导致材料体积的变化，这就是热膨胀。在热膨胀的过程中，受热的不均匀导致膨胀的不均匀，膨胀的不均匀必然会导致结构的变形。热膨胀是温度升高的结果，变形是必然。不管是膨胀，还是变形，都严重影响着结构的稳定性。另外，在高温下，即使在很低的应力水平下，材料也会在应力的作用下慢慢发生塑性变形，从而导致材料结构上的变形。容器长期在高温下服役，出现结构尺寸的变形也是必然的结果。检验时，对于高温容器，应重点检查其几何尺寸，对于变形严重的容器，还要检查容器表面是否因变形产生开裂。

从宏观上看，随着温度的升高，在极限状况下，温度达到材料的熔点，金属熔化为液体，强度为 0，所以

第四章　影响风险的常见因素

随着温度的升高，材料的强度不断降低。从微观上看，微观组织在高温下的不稳定导致了材料强度的降低，包括原子的运动和扩散能力大幅提高、原子排列不紧凑、晶间结合力变弱、原子空位数量增多、境界能降低、晶粒变大，都使材料在高温下的强度大幅下降。材料在高温下长期服役后，其屈服强度到底变弱多少要通过试验才能得出精确的数据。压力容器的服役温度、服役时间、服役的应力水平都对这一数据有影响，准确得出高温下材料的屈服强度，对于压力容器的强度校核、应力计算、合理使用评价等都有着重要的意义。

材料的塑性随着温度的升高而增强。随着温度的升高，分子的运动更剧烈，扩散能力增强，组织结构的稳定性变差，表现在宏观上就是金属材料非常容易发生塑性变形，所以材料的塑性随着温度的升高而增强。塑性能力的增强，使材料非常容易发生变形和破坏，导致容器结构的稳定性变差。但是在高温下，随着材料的长期服役，塑性反而会显著变弱，材料对缺口的敏感性增强，材料往往易发生脆断。

材料的韧性随着温度的升高而变弱。在常温下，原子的运动不是非常活跃，原子与原子之间的相互作用力较大，材料能有效抵抗外部载荷的冲击而不易发生断裂。但是随着温度的升高，原子的运动会越来越剧烈，一方面，原子与原子之间的相互作用力会减弱，这导致材料在宏观上比较难以抵抗外部载荷的冲击，导致材料的脆性增强，韧性变差。另一方面，原子的热运动导致材料内部应力集中和结构变化，这也会导致材料韧性的降低。材料韧性的变差，使压力容器不能承受较大的压力波动和载荷波动。

（2）低温对材料力学性能的影响。

低温主要是影响材料的塑性和韧性，在低温下，原子的运动不活跃，原子与原子之间的结合力增强，各晶界的结合力增强，材料的错位移动能力降低，使得材料难以发生塑性变形，在受到外力的冲击时更容易发生脆断。因此，随着温度的降低，材料的强度升高，塑性和韧性降低。当温度低于韧脆转变温度时，材料将由韧性转变为脆性。碳素钢、低合金钢在低温下韧性较差，奥氏体不锈钢在很低的温度下仍然具有不错的低温韧性。低温，一方面，导致材料受到冲击载荷时，比如压力或者载荷剧烈波动，将更容易发生脆性断裂。另一方面，导致材料对应力集中和裂纹更加敏感，即使压力容器处于很低的应力水平，也可能导致脆断；裂纹的扩展也更难以遏制，即使没有应力的作用，裂纹同样会扩展。压力容器应严格按照设计的温度运行，严禁使压力容器在设计温度的下限运行，以免容器发生脆断。在检验时应注意核查容器的实际工作温度。比如有的企业的搪玻璃容器，夹套材质为Q235B，最低使用温度为20℃，为了

第四章　影响风险的常见因素

提高冷却效果，擅自使用冷冻水，将温度降低到-19℃使用（图4-5）；有的Q235B储气罐，最低使用温度也是20℃以上，但是有的企业在没有任何保护措施的情况下在室外使用，冬季室外温度有时可能达到-10℃以下，低于设计温度的下限（图4-6）。在检验时，这类容器应该引起重视。

图4-5　夹套擅自使用冷冻水　　图4-6　室外Q235B储气罐

材料的各种力学性能是我们进行壁厚校核、应力分析的基础，这些力学性能一旦发生变化，将使计算发生偏差，比如容器长期在高温下服役，其屈服强度到底发生多大变化，这可能需要进行试验确定；材料的各种力学性能的变化也将直接影响压力容器的安全运行，比如结构变形、高温脆断等。我们必须正确评估温度对材料的力学性能的各种影响，确保压力容器的安全运行。

2. 温度对损伤的影响

（1）在低温下，主要的损伤模式是低温脆断。

在平时的检验中，最常见的是低温液体储罐，温度对它的影响主要有两个，一个是温度导致温差应力，一个是温度导致材料韧性降低，容易发生开裂。低温液体储罐容易发生开裂的地方主要有3个：一是低温液体储罐内筒的封头，尤其是其直边处，存在结构不连续问题，有一定程度的应力集中，加上制造成型过程中的残余应力，导致该部位应力水平较高，长期在低温环境下服役，非常容易产生开裂。二是低温液体储罐首次充液时，如果不按照规范进行操作，降温不均匀，会导致温差应力过大，发生局部脆断。三是低温液体储罐气液接管与夹套的角焊缝经常出现开裂，其主要原因，一方面，液体通过接管流经该角焊缝处，接管与该角焊缝存在巨大的温差，导致巨大的温差应力；另一方面，如果夹套是碳钢的，该角焊缝处的实际温度往往低于其韧脆转变温度，长期服役后，在巨大温差应力和低温的共同作用下导致了其开裂。

在检验时要核实容器的最低使用温度，确保容器的最低使用温度符合设计的要求。比如有的企业私自更换介质，导致容器的最低使用温度不符合设计的要求，发生低温脆断，从而酿成事故。下面这个案例摘自江苏省应急管理厅官方网站上的事故调查通报，很有启发意义，事故的经过及原因如下。

2018年12月18日10时25分左右，南通市如皋市众昌化工有限公司年产300吨氟胞嘧啶、副产200吨氟化铵技改项目在试生产设备调试过程中，氟化氢冷凝釜和冷却器发生物理爆炸，造成3人氟化氢中毒死亡。经初步调查，事故的直接原因是：氟化氢冷凝釜夹套和冷却器壳程受液氮快速降温骤冷作用变脆，液氮尾气出口阀处于关闭状态，在骤冷和压力共同作用下，冷凝釜夹套和冷却器壳程发生粉碎性炸裂，冷凝釜内筒底部破裂，冷凝釜内和冷却器管程内的液态氟化氢泄露，导致事故发生。

低温导致容器的主要失效模式是强度失效和泄漏失效，不管是容器本体在低温环境下的开裂，还是气液接管与夹套的角焊缝的开裂导致的真空度丧失，都会导致容器的强度失效，一旦发生强度失效，后果极其严重。低温导致的主要损伤模式是开裂。

（2）在300 ℃以下，温度对材料的损伤主要体现为加速对材料的腐蚀和开裂进程。

温度对腐蚀的影响，主要是加快了腐蚀介质对材料的腐蚀进程。腐蚀速率的异常会导致容器的强度失效或者泄漏失效，同时还会严重缩短设备的使用寿命。这种损伤并没有改变或者使材料的各种力学性能恶化，只是通过化学反应或者电化学反应造成了金属材料的损伤。通常情况下，腐蚀介质对材料的腐蚀速率随着温度的升高而升高。主要原因是随着温度的升高，分子的热运动越来越剧烈，加速了化学反应或者电化学反应的进程，同时温度越高，金属表面的保护膜被破坏得越严重，对金属的腐蚀速率就越快。比如某公司的一台热处理釜，介质为酚醛树脂，工作温度为 140 ℃左右。在正常工作下，酚醛树脂会挥发出腐蚀性介质，对容器产生一定的腐蚀，如果使用导热油或者蒸汽加热，介质对容器的腐蚀比较均匀，且比较轻微。但是如果使用电热丝加热，会导致容器的受热不均匀，电热丝周围区域金属的平均温度会远远高于其他区域，导致该区域腐蚀速率异常，一个检验周期内从 22 mm 腐蚀到 16 mm，严重威胁容器的安全使用（图 4-7、图 4-8）。

图 4-7　筒体外侧加热带　　图 4-8　加热带附近区域腐蚀严重

第四章　影响风险的常见因素

对环境开裂的影响。温度对环境开裂的影响方式按其损伤机理的不同主要有两种。一种是通过加速应力腐蚀开裂的腐蚀过程，从而加速整个应力腐蚀开裂的进程。应力腐蚀开裂主要是腐蚀在应力、腐蚀介质的共同作用下产生的开裂，没有腐蚀也就没有开裂。应力腐蚀开裂分为两个阶段，第一个阶段是腐蚀及腐蚀裂纹的产生阶段，第二个阶段是裂纹的扩展阶段。第一个阶段的时间比较长，占了整个过程的90%。在第一个阶段中，随着温度的升高，腐蚀加快，大幅缩短了应力腐蚀开裂整个过程所需要的时间，从而加速了应力腐蚀开裂的进程。比如常见的氯化物应力腐蚀开裂、碱应力腐蚀开裂、氨应力腐蚀开裂等。另一种是温度在加速腐蚀过程的同时，也使氢原子的扩散更充分，从而导致各种氢致开裂。温度越高，腐蚀越快，氢原子扩散越充分，越容易发生氢致开裂。比如常见的湿硫化氢破坏、氢氟酸氢致应力开裂、氢脆等损伤。不管是前一种方式，还是后一种方式，对温度往往都有一定的要求，只有达到一定的温度后，才会对开裂产生影响，低于一定的温度，可能就不会导致开裂。在判断温度对开裂的影响时，不同的材质、介质，其开裂原理不同，对温度的敏感度也不同，所以要区分对待，才能准确评估温度对开裂的影响。

（3）高温主要导致各种材质劣化。

高温导致的损伤主要有两种形式，一种是材料的高温力学性能的降低，所导致的各种损伤。比如蠕变，在高温下，材料强度降低，塑性升高，材料变形的能力更强，导致材料在恒定应力长时间的作用下不断发生塑性变形，即使这种应力远远低于屈服强度，塑性变形也会发生，此种损伤还有热疲劳等。这种损伤的本质是，在高温下，分子的热运动剧烈，导致材料的抗变形、抗疲劳性能下降，从而导致各种损伤。这种损伤的主要表现就是宏观结构上的变形和开裂。另一种是随着温度的升高，碳原子和杂质原子的运动和扩散也越来越剧烈，导致渗碳体的解体或重构，以及杂质原子在晶界的富集，并进一步导致材料的各种力学性能的恶化。这种损伤通过原子的扩散来改变微观组织，从而改变材料的各种力学性能。这种损伤以恶化材料的各种力学性能为主要表现形式，对容器的危害最大。不管是前一种，还是后一种，都严重影响容器的本质安全。损伤往往是整体性的，难以修复和避免。只要有碳原子和杂质原子的不断扩散，就必然会导致这种损伤。所以在高温下这种损伤往往是难以避免的，只能通过在材料中添加各种合金元素来阻止碳原子和杂质原子的扩散，从而来抑制和减缓损伤的进程。

随着温度的升高，损伤模式越来越复杂，由一种损伤变为多种损伤共存，并且损伤由宏观变为微观，低温下的损伤并未改变组织等微观结构，高温下的损伤通过

第四章 影响风险的常见因素

改变微观组织,导致材料的性能恶化。同时随着温度的升高,损伤对容器本质安全的危害程度也在升高,而且其失效的后果也在加重,损伤模式的识别也更加困难。

3. 温度对检测的影响

(1)对检测方法的影响。

温度基本对所有的损伤模式都有影响,导致的损伤模式种类多,不同的损伤模式需要采用不同的检测方法才能识别出损伤的程度和后果。比如,对于腐蚀减薄,需要通过宏观检查来对腐蚀的类型进行定性,通过壁厚对腐蚀的深度进行确认,看其是否影响容器的强度,通过表面检测判断腐蚀的过程是否存在开裂现象;对于环境开裂,主要依靠表面无损检测,判断其是否发生环境开裂,有时候还要通过硬度检测、金相检测及应力分析来辅助判断环境开裂的严重程度和识别容易发生环境开裂的部位;对于材质劣化,主要是通过金相和硬度来大致评估材质劣化的程度,对于那些对韧性和塑性有影响的材质劣化,还要进行相关的理化检验,取样的困难也直接导致了检测的困难,有的容器可能无法取样,在没有设置腐蚀挂片的情况下,可能很难对材质劣化状态进行准确的评估。

(2)对检测有效性的影响。

不同的损伤模式,其损伤机理不同,表现出来的损伤形态不同,检测的有效性也不同。对于腐蚀减薄,不但可以精确判断其腐蚀状况和腐蚀速率，而且还可以在线检测腐蚀的进展，故腐蚀减薄对容器所造成的风险是可控的。虽然在停车开罐时可以通过无损检测准确判断容器是否发生环境开裂，但是无法进行在线检测。而且，环境开裂存在很大的随机性，在停车检测时可能还没有发生开裂，但是在正常运行中却慢慢发生了开裂。这种开裂特性大大削弱了检验的有效性，所以环境开裂造成的风险水平要远远高于腐蚀减薄。对于材质劣化，首先其对容器的危害程度是整体性的，恶化了材料的各种力学性能，对容器的危害程度要远远高于腐蚀减薄和环境开裂，而且造成的损伤往往难以修复，直接影响了容器的使用寿命。其次对材质劣化的检测比较困难，即使在停车期间，有时候也很难准确评判材质劣化状态，容器的结构、受热情况不同，可能导致各处的材料劣化状态也不同，如何找出最具代表性的部位，往往比较困难，这就导致了对材质劣化的有效检测比较困难，因此，对材质劣化检测的有效性要远远低于腐蚀减薄和环境开裂，所以材质劣化是风险最大的损伤模式。

温度对容器安全运行的影响非常大，所以检验时要对容器平时的工作温度仔细核查，查看其是否按照设计的温度运行。不管是高于温度的上限运行，还是低于温度的下限运行，都对容器的安全运行造成潜在的威胁。对于温度所导致的损伤模式的识别，检验时应结合相关因素全面识别潜在的损伤模式,评估温度对容器造成的损伤程度。在检测方法的选择上,要具有针对性,并综合利用多种检测方法,相互验证,提高检测的有效性。

三、介质

1. 介质对损伤的影响

介质单独或者在与其他因素的共同作用下对容器的损伤主要是腐蚀减薄和环境开裂。由于容器内的大部分介质都属于大分子或者大的离子,它们很难扩散到材料内部,除非容器内的介质在反应中生成原子半径比较小的原子,比如C、H之类的原子,这些原子在压力或者温度的作用下,可以扩散到材料内部,从而对金属的组织产生影响,导致材质劣化。所以介质导致材质劣化比较少,应主要考虑腐蚀减薄和环境开裂。

不管是腐蚀减薄,还是环境开裂,都可以采用相应的检测手段去确认损伤是否发生及损伤的程度,而且还可以预测损伤对检验周期的影响。介质单独对材质只起到腐蚀作用,通过宏观检查和壁厚测定可以判断腐蚀减薄的程度,且通过监控壁厚的变化情况可以判断腐蚀的速率,这种损伤对容器来说风险较小,而且风险是可控的。如果介质在应力、温度的共同作用下,那么损伤将更复杂,风险会有所增加。一是损伤具有随机性,比如应力腐蚀开裂,前期非常缓慢,后期的扩展过程又非常迅速，无法判断其开裂的时机，又无法通过技术手段对其进行监测。二是对容器造成的危害也较大，一旦引起损伤，就会导致容器开裂。

（1）影响损伤的相关因素。

介质的特性和浓度是两个最重要的内生因素，应力、温度、材质等因素是造成损伤的主要外生因素。介质与材质影响损伤的类型，应力和温度影响损伤的进程和程度。介质的特性直接决定了是否对材质产生损伤，不管是腐蚀减薄，还是环境开裂，介质必须对材质具有敏感性，才能导致损伤。比如，氢氟酸，腐蚀性很强，但只是针对含硅材料而言，其对氟塑料、聚乙烯材料就不会产生腐蚀。同样环境开裂也一样，介质对材料也必须具有敏感性，特定的介质才能导致特定的材质发生应力腐蚀开裂。介质的浓度、应力、温度加速了损伤的进程和损伤的程度。

单一的介质对容器的损伤比较好判断，但是实际上大多数容器的介质可能都不是单一的，而是多种介质共存。对于这些情况，要根据图纸并结合企业的工艺流程，弄清楚容器内所有的介质种类和每一种介质的特性，以及介质共存是否会对容器产生更严重的损伤。另外还要注意，容器中的有害成分、pH 对容器损伤的影响。有的容器虽然设计的介质是空气，但是若空气是从前道工艺流程过来的，含有大量的氯离子，就会导致空气储罐的氯化物应力腐蚀开裂。还有的容器介质为草甘膦，草甘膦本身对 316 L 没有多大的损伤，但是经历不同的工艺流程后，若介质含有大量的氯离子，这对容器肯定会有损伤，至于产生什么损伤，还要根据其他因素去判断，如环境是酸性的，以腐蚀坑或孔腐蚀为主；如果环境是碱性的，则主要是开裂。这就是 pH 对损伤的影响，实际检验的时候也应该考虑该因素。

（2）有关介质的其他危险因素。

压力容器的实际使用介质必须符合设计的要求，任何擅自对介质的变更都是一种危险的行为，介质的变更属于改造，必须按照《固定式压力容器安全技术监察规程》进行处理，否则私自更改介质，会严重威胁容器的安全运行。因此，这也是识别风险时要考虑的因素，应仔细核对使用单位的使用介质是否符合设计的要求。在检验时，有几类容器是要特别注意的。

一是搪玻璃容器。这种容器的设计介质往往为"除氢氟酸、浓磷酸（浓度 ≥ 30%，温度 ≥ 180 ℃）和强碱（pH ≥ 12，温度 ≥ 100 ℃）以外在水溶液中几乎能全部电离（不含氟离子）的介质"，但是在实际生产中，企业使用的介质多种多样，要仔细区分这些介质是否在设计图纸允许的范围内。有的企业欲往搪玻璃容器中直接通入氟化氢或强碱，这都是不允许的（图 4-9）；擅自把搪玻璃容器夹套中的冷却水更换为冷冻水，搪玻璃容器的夹套往往是 Q235B，只能用冷却水，并且冷却水的温度只能大于 20 ℃，一旦换成冷冻水，冷冻水的温度低于 0 ℃，在不考虑低温韧性的情况下，降低容器的使用温度是比较危险的。

图 4-9　强碱对搪玻璃层的腐蚀

二是反应装置里面的容器。有些反应容器其设计图纸上要求只能用一种介质，即反应前的物料或者生成后的物料等，但是在实际生产中往往包含很多种介质，既包括反应前的物料，也包含反应生成的物料，还包括反应生成的附加品和中间品。比如五氟化磷的反应釜，里面原料是氯气和三氯化磷，生成物是五氟化磷及盐酸，再加上反应中间物，容器内的介质种类很多，远远多于容器的设计介质（图 4-10）。

第四章　影响风险的常见因素

图 4-10　五氟化磷反应塔的介质复杂

三是大型储藏球罐。这些球罐在平时使用时，到底储存什么介质，往往并不是设计决定的，而是由客户决定的。比如有的球罐，明明是储存液化石油气的，可是在实际使用时也储存各种化工原料，严重违背了设计的要求。

四是空气储罐随意储存氮气。氮气与空气相比可能更不容易导致容器损伤，但是氮气大量泄漏会使人窒息死亡，其危险性要比空气大得多，如果要变更，需要经过设计单位的同意。

五是设计图纸对介质要求不明确。有些容器的设计图纸并没有把对介质的要求写清楚，比如只写工艺物料或者写介质的代号，对于工艺物料中到底含有哪些成分，其成分的特性如何，会不会对容器产生损伤，等等，却没有交代清楚。

六是石墨容器及热处理釜。有的企业擅自把热处理釜的酚醛树脂改成呋喃树脂、把石墨容器的冷却水改成水蒸气，严重威胁容器的安全运行。

2. 介质对失效后果的影响

《固定式压力容器安全技术监察规程》根据介质的危害成分将其分为第一组介质和第二组介质，第一组介质主要包括无毒、不可燃、不易爆的介质，这些介质对失效后果的影响非常轻微，在检验这类容器时，在压力不高的情况下，基本不用考虑泄漏失效问题。因为即使泄漏了，也不会导致严重的后果。但是，在压力非常高的情况下，不管介质是否有毒或者易燃易爆，都要考虑泄漏问题。因为一旦泄漏必定会引起大的人员伤亡和财产损失。比如高压的瓶式容器，既要考虑容器的强度失效问题，也要考虑泄漏问题。第二组介质主要是液化气体和易燃易爆介质，对于这一类介质最主要的就是考虑其泄漏问题。

检验中，在评估介质的风险时，要弄清楚容器内所有介质的种类以及有害介质的成分和种类，综合考虑介质的特性、浓度、材质、应力水平以及介质中有害成分的浓度等相关因素，准确识别容器的损伤和失效模式，评估其对损伤的影响程度。在多种介质共存、多种因素共同作用的情况下，容器的损伤比较复杂，风险较大，必须采用多种检测手段，提高检测比例等，有效降低损伤带来的风险。

四、材质

材质对损伤的影响主要表现在两个方面：一个方面是材质中合金元素对损伤的影响；另一个方面是材料厚度对开裂的影响。合金元素对焊缝的质量影响非常大，合金元素的含量越高，碳当量越大，焊接时越容易出现问题。含量高的合金元素在提高材料力学性能的同时，也易导致各种损伤。材料越厚，在焊接时越容易出现夹渣、气孔等缺陷，这些原始缺陷在长期服役且又处于高应力的环境中时，非常容易衍生出新的缺陷。

1. 材料对焊缝质量的影响

材料对焊缝质量的影响主要体现在两个方面：一个方面是材料中的合金元素对焊缝质量的影响；另一个方面是材料的厚度对焊缝质量的影响。

（1）合金元素对焊缝质量的影响。

合金元素对改善焊缝质量的各种性能有着重要的作用，在焊接时，往往通过添加各种合金元素来改善焊缝的各种性能，以满足实际生产的需要。合金元素在提高焊缝各种性能的同时，也对焊缝质量有着不利的影响。合金元素对焊缝质量的影响非常复杂，不同的合金元素对焊缝质量的影响不同，即使是同一种合金元素，其对焊缝质量也有着多种不同的作用。材料中含有的合金元素往往有很多种，多种合金元素共存，其对焊缝质量的影响往往不是简单的叠加。合金元素在控制好量的前提下，可以改善焊缝金属的各种力学性能。比如，Si 具有良好的脱氧能力，可以提高钢的屈服强度和抗拉强度。但是，合金元素含量过高，碳当量越大，材料的焊接性越差，焊接时，如果焊接工艺控制不当，非常容易产生淬硬组织。比如马氏体，这种组织硬而脆，塑性差，在高应力的作用下，一旦其组织内部聚集一定的能量，必然会导致开裂。

（2）材料的厚度对焊缝质量的影响。

一是材料的厚度直接影响焊缝质量。材料越厚，对焊接工艺的要求越高，焊缝质量越难控制，焊缝质量随着材料厚度的增加而降低。二是材料的厚度直接影响焊缝结构。材料越厚，焊接所需要的焊接线能量越大，热输入越大，同时焊缝各处受热的不均匀以及收缩率的不同都会导致焊缝发生较大的变形。三是材料越厚，焊接残余应力越大。四是材料越厚越容易导致各种焊接缺陷。过高的焊接热输入及受热的不均匀，导致各种厚板材料在焊接时，非常容易出现热裂纹或者冷裂纹。对于厚板材料的焊接，虽然通过采用焊前预热、焊后缓冷的措施，在一定程度上可以避免淬硬组织的产生，但在某些焊接位置，淬硬组织的出现还是难以避免。焊接时，材料越厚，越不利于气体的扩散和各种氧化物的浮出，容易产生气孔、夹渣等缺陷。

下面是我们在检验中遇到的一个真实的案例：由于合金元素和材料的厚度不符合设计的要求，导致焊缝多次开裂，很有借鉴意义。

案例：某公司一只 SPV355N 材质的球罐反复开裂，其原因分析如下。

① 球罐的设计参数及历次检验情况。

设计压力：1.67Mpa；设计温度：50 ℃；容积：2 000 立方米；介质：液化石油气（正丁烷、异丁烷等）；材质：SPV355N；厚度：42.0mm。

该球罐于 1996 年 9 月 6 日安装完成，1998 年 1 月 1 日投入使用。于 2001 年 7 月 6 日至 2014 年 7 月 27 日共进行 4 次定期检验，均未发现任何超标缺陷。2018 年 11 月 15 日进行第五次定期检验时发现 15 处超标缺陷。于 2020 年 5 月 12 日开罐进行定期检验，对内表面进行超声检测（UT），发现 21 条超标缺陷，随后利用 TOFD 进行复验，确认这 21 条超标缺陷的性质及位置。

② 缺陷的原因分析。

调查该公司的其他球罐资料发现，与该球罐同一时间安装的还有其他 3 只球罐，这 3 只球罐使用的是 16MnR，使用工况（包括介质、压力、温度）与本次检验的这只球罐均相同，唯一的区别是材质不同。但是这 3 只材质为 16MnR 的球罐却没有发现任何超标缺陷。查询我们的检验数据库发现，该公司旁边的一家公司也安装了一台 SPV355N 材质的球罐，其安装日期、投用日期和该台球罐非常相近，使用工况也完全一样。我们查询这台球罐的历次检验报告发现，这台 SPV355N 材质的球罐也出现过大量的内部超标缺陷。另外我们发现，不管是该公司的这台球罐，还是隔壁公司的那台球罐，其超标缺陷都是内部缺陷，而外表面没有发现裂纹，这说明这些缺陷的产生与介质无关。通过以上分析我们可以推断出：这些缺陷的产生不是在制造过程中遗留下来的制造缺陷，这些缺陷与材料有关，与介质和使用工况无关。

球罐开裂的主要原因：SPV355N 是经过特定热处理的 SPV355 钢板，SPV355 材质导致了开裂。SPV355 是一种日标中温压力容器用钢，执行的技术标准为 JISG3115。该材质广泛应用于石油、化工、电站、锅炉等行业，用于制作反应器、换热器、分离器、球罐、油气罐、液化气罐、核能反应堆压力壳、锅炉汽包、液化石油气瓶、水电站高压水管、水轮机蜗壳等设备及构件。其基本性能相当于 16MnR。SPV355 通过添加较多的 Si，在抗拉强度相近的情况下，相较于 16MnR 大大提高了材料的屈服强度，从而提高了屈强比。屈强比越大，材料在失效前塑性变形越小，也就意味材料的塑性越差，抗断裂能力也越差；相反，如果屈强比越小，也就说明屈服强度与抗拉强度差值越大，材料在失效前发生的塑性变形越大，也就意味材料的塑性

第四章 影响风险的常见因素

越好，抗断裂能力也越好。高的屈强比虽然能节约材料，相同设计工况下球罐所使用的钢板较薄，但是弊端就是塑性变弱了，焊缝的抗断裂能力也下降了，如果有微小的裂纹，焊缝就非常容易扩展。在几次检验中不断有裂纹出现，这就是因为焊缝的抗裂纹扩展能力弱，导致裂纹的扩展速度加快，因此，裂纹在后面的检验中不断被发现。

以上就是 SPV355N 球罐出现大面积超标缺陷，而 16MnR 球罐却没有出现类似缺陷的重要原因。

裂纹产生的其他原因：SPV355 的抗拉强度为 583 Mpa，属于高强钢，焊接性能差，加上材料比较厚，焊接时如果控制不好焊接工艺，极易出现淬硬组织，这些淬硬组织在应力的作用下，随着容器的长期服役，会不断出现开裂。

通过对这则案例的分析，我们深刻体会到合金元素和材料的厚度对焊缝质量的影响，其严重威胁了容器的本质安全，提升了容器的整体风险水平，破坏了企业的连续正常生产。

2. 材料中合金元素对损伤的影响

比如奥氏体不锈钢，为了具有抗腐蚀性能，必须加入足够多的 Cr，但是 Cr 阻碍了奥氏体的形成，必须加入足够的 Ni，才能得到常温下的奥氏体，Ni 在稳定了奥氏体组织的同时，也降低了位错运动的阻力，使应力松弛，提高了不锈钢的韧性。正是由于 Ni 的加入，提高了材料的强度和塑性，比铁素体不锈钢高了 1 个等级。但是，也是由于 Ni 的加入，奥氏体不锈钢对氯化物非常敏感，容易产生氯化物应力腐蚀开裂。对氯化物应力腐蚀开裂最敏感的材料正是 Ni 含量为 8% ~ 10% 牌号的 300 系列奥氏体不锈钢。

检验时，首先要判断材料的牌号和厚度，弄清楚材料中各合金元素的含量，评估合金元素对焊缝的力学性能的影响、焊缝在使用中可能出现的损伤等对风险的识别非常有帮助。

五、体积

检验时，体积带给我们的最直观的感受就是，体积越大越危险，其危险性主要表现在：一是体积大、能量大，一旦失效，将造成严重的后果；二是体积大，对检验要求高，有的地方可能很难检测到，有的地方虽然能检测到，但也有可能漏检，检验的整个过程很难做到面面俱到，无形之中导致了风险的提高。

1. 体积对失效后果的影响

不管是强度失效，还是泄漏失效，体积会加重失效的后果。如果发生强度失效，体积越大，容器内的介质蕴藏的能量越大，爆炸也会越剧烈，同时对环境、人员造成的伤害也会越大，失效的后果也会越严重。如果发生泄漏失效，体积越大，泄漏越难处理；介质储存量越大，对泄漏处理的时间就越长，这意味着泄漏对外部伤害的时间就越长，造成的后果就越严重。所以对于大型容器，

第四章　影响风险的常见因素

哪怕其装的介质是无毒无害的，体积变大，也会使失效后果加重。所以，也要对其加以足够的重视。对大型容器的检验，要提高检测比例，提高检测的灵敏度和精度，就是因为这类机器的失效后果严重，所以应通过检测手段来尽最大可能地降低容器的失效风险。

2. 体积对检验有效性的影响

体积越大，检验的难度越大，检验的有效性越差。检验难度大主要体现在两个方面：一个方面是体积大，失效模式和损伤模式就会变得比较复杂。基础的沉降、风载、介质载荷的波动及结构设计得不合理等外部因素的影响都会随着体积的增大而被放大，导致容器失效的风险也急剧增加。比如介质载荷会提高容器的应力水平，导致各种损伤的加剧，同时介质载荷的波动还会导致容器产生疲劳损伤，从而使容器的损伤模式更加复杂，更难以识别，大大提高了检验的难度。另一个方面，缺陷检出率将会受到影响，体积越大，越难对容器进行100%的检测，有的部位因为结构原因无法被检测到，从而导致缺陷的漏检，影响检验的有效性。比如一台2 000立方米的塔器与一台2立方米的塔器相比，前者我们对其进行100%的宏观检查时，有些地方即使出现局部损伤，但是，我们可能也无法对其进行无损检测。相反，对于后者这种小的塔器来说，可以里里外外想检测哪里就检测哪里，完全可以做到100%检测，避免了缺陷的漏检。

3. 体积对应急救援措施有效性的影响

体积越大，应急救援措施的有效性就会越弱。一方面，很难对大型容器的失效进行监测。比如对于小型容器，可以通过巡检或者气体泄漏检测设备来实时检测容器是否发生泄漏。但对于大型容器，其泄漏点多，检测的盲区也随之增多，有的部位即使泄漏了，也可能无法有效被检测到，从而降低了应急救援措施的有效性。另一方面，体积越大，容器的失效后果越难控制。有些大型容器，其失效后，别说控制了，甚至连救援都无法进行。正是这些原因降低了救援措施的有效性。

第二节 压力容器固有的风险因素

一、先天性的设计缺陷

1. 容器制造选材不当

材料是容器安全使用的基础，包括材料的各种性能、化学成分都应该满足实际使用的需要。材料的力学性能是满足容器强度要求的基本保障，材料的腐蚀性能、抗疲劳性能、抗裂性能等在特定的工况环境下对容器的安全使用有着非常重要的作用。另外，材料与介质不相容，还会导致损伤的复杂化，提高容器的检验难度和风险水平。在实际的检验中，存在各种与材料相关的问题。比如，设计人员对实际介质的特性不了解，导致选材不当，容器在后续的使用中出现严重的开裂、腐蚀问题；有的使用单位的设计委托单填写的工况与实际有偏差，导致设计时选材不当；有的容器在制造时，其材料以薄代厚，这不但影响容器的使用安全，还会影响容器的使用寿命；还有的材料耐腐蚀性能不满足要求，导致容器在特定工况下出现严重的腐蚀减薄等。

2. 设计结构不合理

特别是对于大型的球罐、反应容器和塔器，在设计时应充分考虑其应力分布情况，焊缝应远离应力集中区域。2022年南京某公司6台大型吸附塔在同样的位置都发现了开裂，后对容器进行应力分析，发现开裂处应力集中，而导致应力集中的主要原因是塔体中心管下面的裙座刚好设计在下封头的拼缝附近区域，因此该区域应力集中，加之其他因素的作用，最后导致了容器焊缝的开裂。

二、压力容器的制造遗留的缺陷

1. 焊接遗留的原始缺陷

制造遗留的原始缺陷对容器影响最大的主要是咬边、错边、棱角度、气孔、夹渣等缺陷。容器在制造过程中，总会由于各种各样的情况，存在各种焊接缺陷，这也是难以避免的。在这些缺陷中，有的缺陷明显已经超出了制造标准的要求，但是仍然被当作合格品出厂，在这种情况下，安全隐患是非常大的。在检验中，我们发现使用单位用了近20年的容器存在着严重的错边超标，6.5 mm的材料，错边竟然达到5 mm。还有一部分遗留的焊接缺陷，虽然在相关制造标准的允许范围内，在某些工况下，这些缺陷可能不会对容器的使用产生任何威胁，但是在恶劣工况下，这些原始缺陷对容器的影响可能会被无限放大。比如一个被允许存在的夹渣或者气孔，随着容器的服役时长加长，在应力的长期作用下就会衍

第四章　影响风险的常见因素

生出新的缺陷。

原始制造缺陷的存在对容器的影响主要体现在两个方面。一个是减少了承载面积，降低了焊缝的强度。二是对应力分布的影响。原始缺陷导致材料内部的应力不再均匀分布，应力的大小会随着缺陷而发生变化，而且材料内部不同方向上的应力大小也会发生变化。应力的变化，会导致损伤在某个方向上较为严重。尤其是缺陷的尖端部位，会导致应力集中，从而在高应力及其他因素的作用下衍生出新的缺陷。尤其是存在疲劳载荷的容器，更应该注意原始缺陷对使用安全的影响，疲劳裂纹往往发生在应力最大或者强度最薄弱的地方，原始缺陷处往往都满足这两个条件，从而导致疲劳的容器在原始缺陷处非常容易产生疲劳裂纹。

在某些情况下，这些原始缺陷对容器的影响非常大，但是在检验中又非常容易忽视这些缺陷对容器安全运行的影响。根据《固定式压力容器安全技术监察规程》的要求，在必要时候才需要对容器焊缝进行埋藏缺陷检测，也就是说容器后续的定期检验中，这些原始缺陷所在的位置往往又都不是必须进行无损检测的部位，导致在容器整个寿命周期中，对于这些原始缺陷是否进行了扩展或者衍生出新的缺陷，都无法进行有效的监测。

所以，在容器的检验中，要对制造遗留的缺陷以及制造标准许可范围内的各种缺陷都要进行归类和搜集，并对这些缺陷进行评估，看其在当下的工况下是否会衍生出新的缺陷。特别是对于合金元素含量较高或者焊接较差的材料、异种钢焊接焊缝、材料较厚容器的焊缝以及焊接成型不好的焊缝，应该给予较高的重视，这些部位往往对焊接工艺要求较高，在焊接的时候非常容易出现各种各样的焊接缺陷。对这些容器应该结合容器的工况，判断缺陷对容器的影响。对于压力高并且存在疲劳载荷的容器，应增加检测手段，提高检测比例，对原始缺陷及其周围区域进行监测，监测缺陷的变化情况。特别是一些压力高的容器，应审核容器的原始资料，查看容器在制造过程中的遗留缺陷，定期对该缺陷进行监测，判断其是否发生恶化。

2. 残余应力过高

在定期检验中，应该审查容器的热处理工艺和报告，判断企业是否选择了正规的热处理厂家，保证热处理质量，以避免不良厂家使用不当的热处理方法，影响产品质量；检查容器在制造过程中有没有严格执行热处理工艺要求，严格控制加热温度、保温时间、冷却速度等参数；审查硬度测试报告，判断热处理工艺是否达到预期效果。尤其是球罐等大型容器的热处理对容器后期的影响更为深远，热处理不到位，会导致球罐焊缝残余应力异常以及残留较脆的有害组织，给容器后续的安全运行埋下重大的安全隐患。南通某石化公司有多只球罐，在投用后的几次定期检验中均没有发生开裂现象,但是在最近一次检验中,多只球罐均发现了开裂现象,而且开裂都是从内部发生的,说明这种开裂与介质无关。在对焊缝进行挖补后,对开裂附近部位进行了金相检测,发现存在大量的淬硬组织,由此判断球罐的开裂与硬而脆的淬硬组织有关。

第三节 使用管理中的危险因素

企业的使用管理对于容器的安全使用来说，不但可以降低失效的概率，而且还可以降低失效的后果，甚至可以在容器失效后避免造成大的人员伤亡和财产损失。相反，如果企业特种设备的管理不善，会提高失效的概率，导致容器失效后没有相应的措施来避免重大后果的发生。使用单位的特种设备管理水平如何、制度是否完善、人员配置是否到位、相关管理人员对工艺及安全的理解如何、应急救援设施配置是否完善、应急措施是否能有效降低事故的后果，等等，同样是影响容器安全运行的重要因素。企业的使用管理涉及安全的方方面面，必须核查影响容器使用安全的所有相关管理因素。

在检验中，应该首先评估使用单位的管理水平，管理水平的高低不但直接影响特种设备的安全运行，而且还影响检验策略的制订。比如，管理完善、应急救援措施齐全且有效的容器，完全可以降低检验比例，从而将更多的精力集中到风险更高的部位上，从而有利于提高检验的针对性。对于管理不善的企业，在检验时检验员往往需要面面俱到，从而分散了精力，无法将有限的检

第四章　影响风险的常见因素

验资源集中到风险更高的部位上。特种设备的管理水平是影响特种设备安全运行的最为重要的不稳定性因素，也直接或者间接地影响了检验策略的制订。

一、管理制度的有效性

特种设备属于一种危险性较高的设备，企业的管理不善所造成的特种设备事故占了一大部分，所以国家为了保障容器的使用安全，制定了相关法规、标准。企业应当严格遵守相关的法律法规，根据自身的生产特点，制定相应的特种设备管理制度，并严格落实，以保障安全。

1. 制度的完善性

制度是一件事成功的保障和基础，其规定了要做哪些事，哪些人去做，到底怎么做。特种设备的管理也一样，必须有完善的特种设备管理制度，从根本上保障特种设备的安全使用。大企业往往对特种设备的管理比较重视，特种设备管理制度比较完善。而一些小企业法治意识淡薄，对特种设备的管理一切都靠人治，存在巨大的随意性，往往是设备随便买，包括随意购买二手或者淘汰下来的容器，使用中不按时申请定期检验，对安全附件和仪表也从不校验或检定，随意更换容器的管路，随意更换介质，随意对容器私自进行修理等，严重影响了压力容器的安全运行。特种设备管理制度的相关内容比较多，我们必须有选择性地关注其中比较重要的地方,具体包括以下方面。

(1)谁来管理的相关规定。

特种设备管理部门和相关的管理人员是实施特种设备管理的主体。管理机构及管理人员的设置是特种设备管理得以执行的保障。国家对特种设备管理部门和相关的管理人员的设置非常重视,不但在相关的法规中进行了规定,而且国家市场监督管理总局还专门发文对特种设备管理人员的设置进行了详细、明确的规定。使用单位必须按照《中华人民共和国特种设备安全法》和《特种设备使用管理规则》的规定设置特种设备管理部门和相关的管理人员。对于管理部门,如果特种设备满足一定的要求,必须设置专门的特种设备管理机构;对于管理人员,也必须按照法规的要求取得相关的资格证书。特种设备管理人员应按要求取得安全管理证书,操作人员应取得相应的资格证书,持证作业。特种设备安全管理人员是特种设备的实际管理者,特种设备管理的各个环节都离不开特种设备管理人员。企业有无特种设备安全管理人员对设备的安全运行的影响非常大。在安全检查中,我们发现很多小企业没有按照要求任命相关的管理人员,有的根本就没有设置管理人员,有的是大家轮流管理特种设备,无法有效实施特种设备的管理,管理混乱,为设备的安全运行留下严重的安全隐患。

（2）如何管理的相关规定。

特种设备管理包括非常多的内容，涉及众多的环节，包括特种设备的购买、安装、使用、检验、修理、改造等众多内容。特种设备管理的制度性文件，必须规定好每一个环节该怎么做，按什么样的流程做，而不是笼统地说按某个规定做。特种设备涉及的标准非常多，相关执行人员很难熟悉所有的法规，相关执行人员往往不知该如何做。所以管理制度应该根据法规、标准的要求，制定出一套详细的流程来，这样管理人员不管处理什么样的事，只需按照流程做即可，而不是在不懂的情况下，凭自己的认知去处理。

在对企业的安全检查中发现，特种设备的购买、安装、修理和改造等环节是存在问题最多的地方。使用单位如果不对这些内容做出详细、明确的规定，往往会出现很多问题。比如有的单位没有制定采购特种设备的详细规定，于是有的相关人员购买二手的、淘汰下来的压力容器，这些容器存在相当大的安全隐患。如果是完好的二手压力容器还好一点儿，对安全的影响还不是太大，而有的二手设备是经过改造的，比如换过封头、随意开孔及更换附件，这些改造都给容器的后续使用埋下重大隐患。还有的二手设备没有图纸，根本无法核实容器的结构与设计是否相符。某公司，购买了二手烘筒，使用过程中封头与筒体的角焊缝被撕裂，发生爆炸，事后发现封头与筒体相焊的角焊缝没有打坡口，焊接质量不符合要求。由于是二手烘筒，到底是出厂的时候就这样，还是被私自更换过封头，不得而知。安全意识淡薄的小企业，往往图方便，图便宜，忽视了容器的质量问题，为后续使用留下了安全隐患。

安装对容器的安全使用也有重大的影响。有的企业买了新容器，直接让本企业的机修工进行安装，事后再办理相关的手续，这在实际使用中非常常见。尤其是大型容器，其结构复杂，接管比较多，必须按照图纸进行安装。但是，在容器检验中发现，很多容器的安装都存在问题。比如，立式容器，使用单位为了方便，擅自卧式安装；还有的容器接管是胡乱安装的，基础、地脚螺栓的安装等都存在问题。这些都严重影响了压力容器的安全使用。

容器的修理、改造是容器使用管理中的重要一环。但是，很多企业不遵守特种设备管理制度，存在私自修理的现象，为了赶工期，保生产，无视容器的使用安全。有的企业知道修理、改造要找有资质的公司，但是却不知道要办告知，必要的时候还要监督、检查。还有的企业在没办任何手续的情况，擅自提高工作压力或者工作温度。特别是一些老旧容器，进行改造或修理后，无任何相关见证资料，导致在检验时，无法判断其修理、改造是否符合要求，为容器的安全使用留下严重的安全隐患。

造成这些问题的原因之一可能是管理人员对法规标准的不熟悉，但是最主要的原因是制度中没详细规定该怎么做、按什么步骤做，从而导致很多企业的相关管理人员擅自更改容器使用参数，擅自对容器修理施焊，随意拆除安全附件等，这些都严重威胁着压力容器的安全运行。

2. 管理制度的针对性

管理制度的内容应根据企业特种设备的特点去制定，而不是照抄照搬相关的法规、标准或者是其他企业的模板，这就失去了制定特种设备管理制度的意义。

3. 制度执行性

制度再完善，也必须要执行才能体现其效果。我们在最近几年的安全检查中发现，很多企业的特种设备管理制度非常完善，但是这些制度是应付检查的，很多方面并没有得到很好的执行。从资料的一机一档到设备的现场巡检、月度检查、年度检查，都没有按照特种设备管理制度的要求去执行。企业对各种自行检查的人员、内容都做了详细的规定，但是相关人员在自行检查时，只是随意地在各种表格上打对勾，并没有去现场按照规定要求做相关的自行检查，这就失去了特种设备管理的意义了，无法从使用管理的角度来确保设备的安全运行。在检验时，可以通过核查容器的自行检查记录来判断企业对特种设备管理制度的执行情况。对制度的有效执行可以降低容器失效的风险，避免事故酿成大的人员伤亡和财产损失。

二、使用管理的有效性

判断使用管理是否有效的唯一标准就是是否能有效降低容器的失效风险。企业的使用管理必须具有针对性，而不是准备一大堆的资料来应付检查或者是对容器的巡检很随意，无目的性，这些对于降低容器的风险都是无效的。企业的巡检对于容器的使用安全非常重要，能及时发现容器存在的风险隐患，从而避免事故的发生。

1. 人员水平如何

相关人员必须对特种设备相关法规、标准和知识有一定的了解，才能很好地履行自己的职责。很多事故已经多次证明，管理人员在使用中擅自修理、更改介质、提高使用压力等违法行为，常导致特种设备事故的发生。管理人员的管理水平直接影响特种设备的安全运行。管理有效，不但可以降低事故发生的概率，而且还可以降低甚至避免事故造成大的后果；相反，管理不善，不但起不到任何作用，而且还会提高设备发生事故的风险。

安全管理人员和操作人员直接与特种设备相接触，甚至直接操作特种设备，他们对设备最了解，同时也直接关乎这些设备的使用安全。安全管理人员及相关的操作人员必须具有相关的法规知识和专业知识。

安全管理人员是特种设备管理的主要人员，必须对特种设备安全和特种设备管理规则以及特种设备相关知识，还有本企业设备的工艺流程有一定的了解。否则，一问三不知，难以保证特种设备管理的有效性。有的安全管理人员，对机电类的相关知识比较熟悉，对承压类的相关知识不熟悉，导致使用中擅自对容器非法修理、改造，擅自更改工作介质，对容器存在泄漏的现象竟视而不见，也不懂得对容器的各种自行检查，这种对相关知识的不了解，难以保证管理的有效性。操作人员必须对设备及工艺的介质有一定的了解，否则就会导致误操作、盲目操作、野蛮操作等。南通某公司搪玻璃容器的操作员，野蛮作业导致釜内各处爆瓷，这种不安定因素不但容易导致安全事故，还大幅缩短了压力容器的使用寿命。

2. 人员是否履职

相关管理人员对特种设备使用管理不能敷衍了事，必须按照特种设备管理制度的要求，履行好自己的职责。

（1）安全管理人员。

安全管理人员对特种设备的安全运行有着至关重要的作用。安全管理人员负责容器采购、安装、使用中的各种自行检查、定期检验、修理和改造、报废等各个环节，应对每一个环节都尽到自己的职责，才能保障容器的安

压力容器定期检验中风险识别与控制

全使用。在检验时,主要是做好以下工作。

①做好特种设备的技术档案管理。检查是否做到了一机一档,容器的相关资料包括出厂技术资料、使用登记证、历年的定期检验报告、自行检查报告、修理和改造资料等是否齐全。有的单位管理不善,遗失了各种资料,导致后续的检验中无法判断设备结构到底是不是原始结构。有的企业把修理资料遗失了,导致搞不清楚修理的范围有多大以及修理是否符合要求等。这些资料对后续的检验或者修理等都有着重要的作用,安全管理人员必须尽到职责,管理好容器的技术档案。

②做好检验的及时申报和检验的协调工作。安全管理人员及时报检并组织压力容器的检验辅助工作,不但可以保证设备不超期,而且还可保证检验的工作质量。在检验中我们发现,很多小企业从来不主动申报容器的定期检验,导致容器一直处于超期未检验状态,严重威胁到容器的安全使用;还有的企业对容器的检验流程不熟悉,检验辅助工作不到位,严重影响检验的效率和质量。

③容器的修理、改造必须符合法规的要求。修理、改造是压力容器使用过程中必需的,也是非常重要的一环。安全管理人员组织、协调压力容器的修理、改造,可以保障压力容器修理、改造的质量,从根本上保障设备的安全运行。压力容器的修理、改造必须按照《固定

第四章　影响风险的常见因素

式压力容器安全技术监察规程》的要求进行，安全管理人员作为这一环节的实际组织者，必须了解修理、改造的相关要求。

④定期校验安全附件及各检测仪表。安全管理人员必须按照《固定式压力容器安全技术监察规程》及相关标准的要求对安全阀定期进行检验，对于爆破片、易容塞必须按照相关的规定进行定期更换，需要检定的其他仪表也必须进行检定，并确保这些安全附件及仪表及时进行更换。在检验中我们经常发现，有的企业在整个检验周期内都不进行校验，有的企业虽然校验了安全阀，但是因为各种情况一直不进行更换，或者有的安全阀整定压力不符合要求，超过了设计压力，等等。这些不尽职的行为，既不符合管理制度的要求，也违背了相关法规、标准的要求，给容器使用留下重大安全隐患。

⑤认真组织自行检查。安全管理人员组织各种自行检查，可以保证及时发现特种设备在运行中的各种隐患，有效降低容器的失效风险。安全管理人员要按照特种设备使用管理规则的要求组织自行检验，包括日常的巡检、月度检查、年度检查；要督促相关实施者必须按照规定的内容进行检查，不能敷衍了事，不能只是为了应付检查，随便填写一些记录。各种检查的内容必须具有针对性，能有效降低容器的风险。比如，有的企业定期对空气储气罐进行巡检，经常对防腐进行维护，定期有人排

141

污,定期检验安全阀,定期测量容器的壁厚等,做到这些,说明容器的管理是有效的,因为这些维护保养手段全都能避免容器的强度失效。即使检验失效了,那么通过使用单位的这些定期巡检,也能预防和提早发现隐患,从而避免事故的发生。

(2)操作人员。

操作人员平时直接与压力容器相接触,最了解压力容器的运行状况,操作人员是否按照管理制度的规定履行职责直接影响压力容器能否安全运行。操作人员是否严格依规作业是影响压力容器能否安全运行的一个重要风险因素。操作人员的履职主要体现在以下几个方面。

①是否按照相关规定及操作规程进行压力容器操作。操作人员必须严格按照操作规程进行操作,不得野蛮作业,随意改变压力容器的工作参数,包括压力、温度和介质。对搪玻璃容器进行检验时经常发现,操作工野蛮作业导致压力容器衬里层出现爆瓷;还发现一些操作工,为了提高冷却速度,擅自将容器夹套内的冷却水变为冷冻水,导致容器的使用温度超出设计的要求。对一些快开门容器的检验,我们经常发现操作工为了省事,在容器内未完全释放压力的情况下,强行打开釜门,甚至拆除安全联锁装置,给容器的安全运行造成了较大的安全隐患。对一些液化气体容器的检验,我们发现操作工并没有按照设计允许的充装量进行充装,导致容器超

第四章 影响风险的常见因素

压运行。这些都是违章作业对容器安全运行所造成的影响。对于类似的容器检验，我们必须考虑操作人员对容器风险水平的影响。根据操作人员的履职情况，可以适当增加或者降低检测方法和检测比例。

②是否定期对容器进行维护。定期、及时对压力容器进行维护，不但能确保压力容器的安全运行，还能延长压力容器的使用寿命。比如，对容器的防腐层、保温层的定期维护和更换，可以大大减少容器外表面的腐蚀；定期对容器进行排污，可以减少容器内表面的腐蚀；对密封紧固件的定期维护和更换可以降低容器的泄漏风险；对安全附件及仪表的定期检查可以确保容器运行在设计允许的范围内。这些常见的维护措施对容器的安全运行来说是必要的。操作人员对压力容器的状况最为了解，能及时发现容器潜在的各种隐患。因此，一旦发现异常，应及时采取相应措施，确保压力容器的安全运行。但在平时的安全检查中，我们经常发现容器的保温层破损、防腐层剥落，得不到及时的维护和更换；还有的安全附件和仪表从来都没有校验或计量过；还有的储气罐无人定期排污，导致容器内一大半都是水。操作人员的这些不尽职行为，同样是影响容器风险水平的重要因素。

③是否对容器的运行状态进行监测。主要包括对压力容器的压力、温度、介质的监测。

a. 对压力的监测。压力容器在使用过程，由于各种

143

情况压力不断变化,压力变化一旦超过设计要求,操作人员必须采取一定的措施,确保压力容器的安全运行。如果操作人员不履行职责,无视压力的变化,会导致压力的变化得不到控制,从而严重威胁压力容器的安全运行,极端情况下还会导致事故的发生。我们在检验中要特别注意以下两类容器:

一是反应类容器。这类容器的重要特点是在反应过程中会生成大量的气体,从而导致容器压力的变化。物料的过量投入或者得不到控制,会导致容器内的压力急剧升高,甚至发生超压风险。这要求操作人员必须严格控制物料的投入,严密监视容器压力的变化。

二是液化气体类容器。最常见的就是各种真空绝热容器、液化石油气储罐等液化气体类容器。这类容器的压力变化非常容易受到外界环境因素的影响。比如低温液体容器常因过量充装、环境温度、隔热层等外界因素导致超压运行,操作人员在平时的操作或者巡检中,应注意这些因素对压力的影响,防止容器超压运行。

b. 对温度的监测。一些容器由于反应的需要往往需要加热或者冷却,或者由于物料反应过程中生成大量的热量,温度急剧变化。不管是超温运行,还是温度急剧变化,都会对容器造成比较严重的伤害。比如,热处理釜,使用单位使用电加热丝对容器进行加热,导致容器的局部温度过高,造成容器局部腐蚀加剧,严重影响容器的使用安全和使用寿命。还有一些使用单位为了提高生产效率，擅自改变加热或者冷却介质，比如将蒸汽变成导热油；还有一些搪玻璃容器，为了加快冷却速度，把冷却水变成冷冻水，介质的改变导致容器的温度超出设计的要求，加速了容器的损伤，严重危及容器的安全使用。操作人员在平时的使用过程中应密切注意温度的变化，将温度严格控制在设计允许的范围内。

c. 对介质的监测。操作人员应该熟悉容器介质的状况和特性，在实际使用中，应该严格按照设计图纸的要求投放物料，不得投放设计介质之外的物料。操作人员应该记录容器介质的状况和变化情况，如有变更应及时通知设备管理员，及时办理相关变更手续。

3. 应急救援措施的有效性

对于一些风险大，通过检验手段可能完全无法控制风险的容器，使用单位必须制订相应的应急预案，确保设备一旦发生失效，可以有效应对，从而降低容器的失效后果。应急预案应结合容器的失效模式以及可能的失效后果进行制订，预案应具有针对性和可行性，能有效识别容器发生失效的早期信号，并在容器失效后能有效降低失效后果。企业的应急预案若能有效降低或者避免容器的失效后果，那么这种应急预案和检验相比同样重要。比如一些有毒介质的容器，针对这些容器的泄漏失效特点，可以在现场安装气体监测装置，及时捕捉容器发生泄漏的信号，并通过联动装置启动相应的应急设施，防止泄漏气体扩散，对泄漏的气体及时进行回收，从而有效控制容器的失效后果。

（1）是否定期进行演练。在事故发生之前，我们只能从理论上去评判应急救援措施的有效性。为了确保应急救援措施的可靠性，必须通过不断的定期演练来改进和优化应急预案。

（2）应急救援设备是否有效。对于一些易燃易爆、有毒介质的容器，企业往往安装了相关的气体监测设备和相应的连锁保护机制。比如，气体报警仪一旦监测到气体超标，相应的喷淋设备就会启动，保证气体不会扩散到其他区域；抽真空设备就会启动，将泄漏出来的介质回收到安全区域内，并将泄漏容器内的介质安全转移到其他备用容器内。这一套应急救援设备涉及诸多环节，一旦其中的任何一个环节出现了问题，应急救援设备的作用可能就会丧失。比如气体监测仪不定期进行校验，导致灵敏度丧失、相关的连锁装置失灵或相关的设备得不到维护、阀门锈死等。只有确保整个应急救援设施的可靠性，才能充分发挥应急救援设施的作用。

第五章

压力容器检验的风险控制

压力容器定期检验中风险识别与控制

第一节 控制压力容器风险的传统手段

一、控制压力容器风险的主要思路

目前控制风险的核心思想是压力容器不能存在超标缺陷，只要不存在超标缺陷，就判定压力容器合格，允许出厂或投入使用。相关的制造标准及定期检验标准都对缺陷允许的尺寸范围、如何对各种缺陷进行检测、缺陷超过允许范围后如何处理、如何对缺陷进行评定、如何定级、如何确定下次检验周期等做了详细、明确的规定。

容器从设计、选材到制造、验收都是围绕在使用中如何避免缺陷来进行的。主要体现在，一是通过加强质量控制，避免制造缺陷对使用产生不良影响；二是通过合理的设计，比如通过选择合适的材料，优化压力容器结构，避免应力集中，降低容器在使用过程中发生损伤的概率，从而降低容器的失效风险，提高和延长容器的使用安全性和使用寿命。

在定期检验中，国家制定了基于损伤的定期检验标准以及损伤模式识别的相关标准。按照相应的标准对压力容器定期实施检验，通过检验手段来避免压力容器失

第五章 压力容器检验的风险控制

效。检验主要是基于损伤的检验,根据容器的失效损伤模式,选择相应的检测方法,发现容器潜在的缺陷或者识别出损伤的早期信号,从而避免损伤的继续扩展导致压力容器的失效。对于损伤模式的识别,按照相关的标准进行即可,比较简单方便。对于那些容易产生缺陷的部位,需要重点进行检验,《固定式压力容器安全技术监察规程》给出了明确的指导原则;对于检验检测的比例,《固定式压力容器安全技术监察规程》也都给出了详细的规定。也就是说,一台压力容器用什么方法检测、检测哪里、检测多少,相关的检验标准都给出了具体的规定。这非常有利于检验的执行,效果也很好,能有效避免事故的发生,有力地保证了企业的安全生产。

二、控制压力容器风险的传统方法

首先,完善法规、标准,从制度上确保压力容器的使用安全。随着压力容器的数量越来越多、结构越来越复杂,国家不断完善相关法规、标准,从制度上确保压力容器的使用安全。国家从法律法规、规章、安全技术规范以及各类国家标准几个层面来确保压力容器的使用安全。《中华人民共和国特种设备安全法》《特种设备安全监察条例》从整体上规定了特种设备相关方的责任和义务;《特种设备使用管理规则》及政府部门的相关文件细化了特种设备使用管理中的具体要求;为了确保符合要求的压力容器投入生产领域，国家制定了《特种设备生产和充装单位许可规则》，对压力容器生产单位需要的各项资源条件进行了规定，加大了对压力容器生产单位取证、换证的审核力度，确保压力容器生产单位的各项资源条件符合要求，并制定了压力容器制造、验收标准，确保企业生产的容器符合质量安全要求；为了确保压力容器的定期检验质量，颁布了《特种设备检验检测机构核准》，加大了对检验机构的取证、换证审核力度，确保符合要求且具备相应能力的检验机构从事检验工作，从源头上确保压力容器的检验质量；为了规范压力容器的检验工作，国家相继颁布了《压力容器定期检验规则》《固定式压力容器安全技术监察规程》等相关检验标准，规定了检验的方法、检验的流程、结果的处理等，从微观层面确保了压力容器定期检验工作的质量。

其次，提高压力容器的制造监检力度，确保压力容器的制造质量。压力容器的制造质量对使用的影响非常大。在平时的定期检验中，我们遇到很多制造时遗留的缺陷，比如材质用错，导致使用过程中母材及焊缝产生大量的裂纹；板材厚度用错，以薄代厚，严重影响压力容器的强度安全和使用寿命；焊缝质量不符合要求，余高、错边、棱角超标，导致局部应力集中，为后续再生缺陷的出现留下隐患；热处理工艺不当或执行不到位，

第五章　压力容器检验的风险控制

无法有效软化组织，导致容器在使用过程中反复开裂。这些制造遗留下来的缺陷，其影响在外界各种因素的作用下被放大，严重威胁压力容器的使用安全。如何从源头上确保符合标准要求的压力容器投入使用，是产品监检需要解决的重要问题。检验机构应提高监督检查水平，强化监检人员的责任意识，规范监督检查流程，提高监检质量，确保监检合格的产品不存在超标缺陷，从源头上降低压力容器使用中的失效风险。

　　再次，通过定期检验，发现使用中产生的缺陷，识别失效的早期信号，降低失效概率。压力容器的定期检验是确保使用安全的重要手段，为此国家颁布了相关的检验规范，要求检验机构严格按照规范进行检验。压力容器在使用过程中，在外界各种因素的作用下，非常容易产生各种缺陷。如何对缺陷进行识别、检测、评定，是压力容器定期检验要解决的核心问题，其中如何有效地检测出压力容器潜在的缺陷，是整个定期检验环节的重中之重。《固定式压力容器安全技术监察规程》提出了缺陷检测的重要方法，包括宏观检查、壁厚测定、无损检测以及耐压试验和气密性试验。每一种检测方法都有其适用场景，也都有一定的局限性。《固定式压力容器安全技术监察规程》要求检验员根据失效损伤的特点，选择合适的检测方法，确保检测的灵敏性。对于检测部位，《固定式压力容器安全技术监察规程》也进行了详细的规定，比如，对于哪些容器、哪些部位容易发生缺陷等，都进行了明确的规定，这有助于提高压力容器检验的针对性；对于检测比例，《固定式压力容器安全技术监察规程》也进行了具体的规定，对于特殊的压力容器应提高检测比例，避免缺陷的漏检。

总之，在检验中，检验员要根据《固定式压力容器安全技术监察规程》的要求，并结合自己的经验及现场实际情况，制订合适的检验策略，提高缺陷的检出率，最大限度地避免缺陷的漏检。对于检出的缺陷，检验员应按照标准、规范的要求，对缺陷评定级别，确定容器的下次检验周期。

最后，提高企业的使用管理水平，避免事故的发生。通过对历年特种设备事故的统计分析发现，使用单位的管理水平是影响特种设备安全运行的重要因素，也是降低容器失效概率的一个重要手段。国家对使用单位的管理水平也越来越重视，颁布的《中华人民共和国特种设备安全法》《特种设备安全监察条例》都涉及使用管理的相关规定，《特种设备使用管理规则》对使用单位特种设备的管理制度、机构设置、人员配备都进行了更为具体和明确的规定。2023年4月4日，国家市场监督管理总局发布第74号文，对特种设备的管理人员及其责任落实进行了更为具体的规定。国家从制度上督促企业不断提高特种设备的管理水平，加强对特种设备管理人员的专业知识培训。地方各级市场监管部门也逐步提高对企业的相关检查频次，加大对特种设备的隐患排查力度，督促企业严格按照相关法规、标准进行特种设备的使用管理，做好特种设备的定期检验、定期自行检查以及日常的巡检、巡查，及早发现容器的安全隐患，避免容器事故的发生。企业在不断完善特种设备使用管理的基础上，加强对管理人员进行特种设备法规和标准、设备失效损伤机理、生产工艺等相关方面的知识培训，对重点设备制定完善的操作规程，要求操作人员严格按照操作规程进行操作，确保设备不因人为因素造成失效。

三、传统风险控制方法的主要弊端

传统风险控制方法成熟可靠，经过多年的实践，我们发现这种方法可执行性强，对各相关主体方的要求都比较低，只要按照法规、标准一步一步执行即可，可有效控制压力容器事故的发生。但是，随着压力容器所面临的形势不断发生新的变化，这些传统风险控制方法也存在着众多的不足，主要体现在以下几个方面。

首先，传统风险控制方法与风险脱钩，有时还是无法避免事故的发生。在所有的生产领域，任何的操作或者动作是以降低风险为目的。但是，传统风险控制方法都以寻找缺陷为目的的，目标的背离意味着这些方法可能无法有效降低压力容器的失效风险。传统风险控制方法围绕缺陷的控制来降低风险，仅仅关注失效发生的概率，很少关注失效的后果。有时候，事故发生概率低，但是后果极其严重的压力容器或者压力容器部件并没有得到更多关注，从而导致压力容器发生失效，酿成事故。

从检验方面来看，不管是在压力容器的制造过程中，还是在使用过程，大部分的精力都被放在了缺陷的尺寸应该限制在多大的范围内，但是并没考虑该缺陷在整个使用寿命周期内对容器的危害程度。比如《固定式压力容器安全技术监察规程》规定了哪些部位应该做无损检测，但没有考虑这些部位对压力容器的危害程度。《固定式压力容器安全技术监察规程》要求对应力集中的部位应该进行无损检测，但是压力容器上应力集中的部位非常多，有的应力集中部位一旦失效，就会酿成比较严重的后果，有的应力集中部位即使失效了，也不会酿成任何后果，如果全部检测，就使得检测失去了针对性，抓不住检测的重点。比如，壁厚测定要求找出压力容器的壁厚最小点。一方面，想找出最小点，难度非常大；另一方面，即使花很大力气找出了壁厚最小点，也仅仅是静态地判断该壁厚是否满足强度要求，并没考虑该最小点对压力容器在下个检验周期内失效风险的影响。同时，为了对这些标准规定的应检尽检部位进行检验，企业要付出巨大的检验辅助成本，无形中提高了企业的检验负担，即使这些检验部位发生了失效，也并不一定会

第五章 压力容器检验的风险控制

造成严重的失效后果。这种传统的检验方法与风险脱钩，不能抓住检验重点。有的检验员机械地执行法规、标准，增加了企业的检验辅助成本，但并未能将有限的检验资源分配到最重要的设备或者部件上，造成了检验资源的浪费，降低了检验效能。

从企业的使用管理来看，使用管理与风险脱钩，只是机械地执行相关标准的规定和模板。从多年的效果来看，这种管理模式效果非常有限，最主要的原因是企业的管理或者检查不具有针对性。比如，企业的定期自行检查，不管什么样的容器，全部检查内容都是一样的，这种检查的作用很有限。容器不同，失效和损伤模式不同，潜在的失效风险点不同，企业应该根据这些风险点进行针对性的检查。比如，一台介质极度危险的容器，企业首先考虑的应是容器的泄漏失效，因此，应做好应急救援预案和应急救援演练，保障气体泄漏检测的灵敏性，检查容器密封紧固件的状况，看看是否存在泄漏迹象，检查接管角焊缝是否存在异常等。只有针对容器的风险状况，制定具有针对性的定期自行检查内容，才能真正做到通过使用管理来降低容器的失效风险，提高容器的安全使用水平。

其次，传统风险控制方法比较单一，仅仅从降低事故发生的概率出发来控制风险。传统的检验方法，关注的仅仅是通过检验来发现容器的潜在缺陷，从而降低容器发生失效的概率，并没有考虑容器检验发现失效后，通过什么样的方法来降低失效后果的影响。随着容器大型化及结构、介质的复杂化，压力容器检验越来越难以贯彻《固定式压力容器安全技术监察规程》的指导思想。对于大型的塔器，很难保证寻找出所有的缺陷，也很难做到对所有的部位都面面俱到，缺陷的漏检难以避免；容器结构的复杂化导致对有些部位无法进行宏观检查或者无损检测；介质的复杂化使得容器损伤模式的识别很困难，往往多种损伤模式共存，损伤发生的随机性和偶然性也逐渐增强。缺陷的漏检以及检验手段的失效时有发生，如何避免容器在检验手段失效后造成大的人员伤亡和财产损失，也是检验此类压力容器所必须考虑的问题。同时，还需细致评估容器的整体失效风险水平、是否有有效的措施来避免失效的发生、是否有有效的应急措施来避免失效造成更大的人员伤亡和财产损失等。其中最重要的就是检验企业的应急救援措施。应急救援措施虽然与检验的相关性不大，但是应急救援措施同样重要。如果通过应急救援措施把容器的失效后果降为零，那么失效的风险也就没了，能避免大的人员伤亡和财产损失，那么这种应急救援措施和我们的检验相比同样重要。但是在平时的检验中，却很少有人关注企业是否制定应急救援措施、应急救援措施是否有效、企业是否定期进行应急救援演练、现场是否设置应急救援设备等。

第五章　压力容器检验的风险控制

特别是对于一些有毒、易燃易爆介质的容器，应急救援设备非常有用，其能识别容器失效的早期信号，从而启动应急救援措施，避免因容器的失效造成严重后果。在实际检验中，应该通过多种方法来降低容器的失效风险，而不是局限于传统的固有思路和观念。

第二节 风险控制的基本思路

一、控制风险，首先要有风险意识

压力容器永远都不可能是绝对安全的，只能是相对安全。压力容器的检验存在各种各样的风险。对于风险的控制，有两个办法，一个办法是在完全遵守《固定式压力容器安全技术监察规程》的要求下进行检验，这样即使出了问题，检验员也是没有责任的，因为检验是完全合法的；另一个办法是，在偏离《固定式压力容器安全技术监察规程》的要求下进行检验，不但要保证检验的安全性，同时还要保证一旦检验的设备出了事故，应该有其他应急措施保证事故不会造成大的损失，在这种情况下，检验虽然面临一定的风险，但是这种风险是可控的。压力容器的定期检验一定要在识别风险的基础上，制订具有针对性的检验策略和监控措施，才能有效地规避压力容器定期检验中的各种潜在风险。

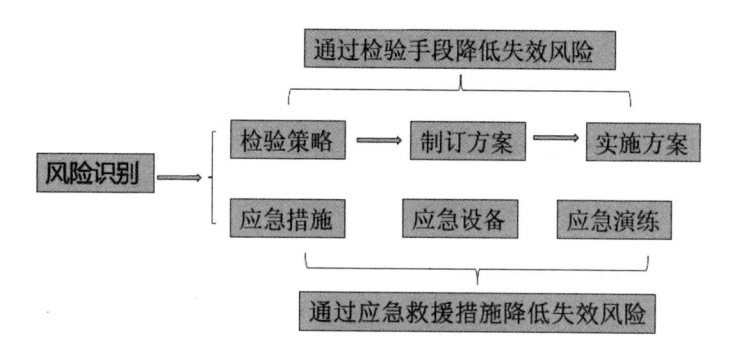

二、风险控制的基本思路

风险控制的基本思路如图 5-1 所示。

图 5-1 风险控制的基本思路

规避容器失效的方法有两种，一是通过检验手段降低压力容器的失效风险；二是通过应急救援措施降低失效后果。这就要求在检验中以及在使用管理中，必须要做好以下两个方面的工作。一方面，检验必须具有针对性，只有制订具有针对性的检验策略，才能切实降低容器的失效风险，即损伤模式的识别要准确、无损检测方法选用要合适、无损检测的部位要具有代表性。比如，一台储气罐，老是做接管角焊缝的渗透检测作用并不大，因为即使接管漏了后果也不严重。如果真要对储气罐做无损检测，应该对对接焊缝进行无损检测，防止因焊缝开裂而发生强度失效。另一方面，压力容器的应急救援应该引起足够的重视。

压力容器定期检验中风险识别与控制

第三节 风险控制的新方法

一、制订具有针对性的检验策略

1. 何为检验策略

检验策略就是对检验手段与风险控制的一种权衡，检验策略的选择，也就是检验手段的选择。检验策略包括3个要素：检测方法、检测比例、检测部位。只有满足这3个要素，才能真正地制订好检验策略，从而有针对性地解决检验问题。

检验手段的选择直接决定了检验效率和检验成本。检验手段与风险控制的关系，本质上就是检验成本、检验效率与风险控制之间的关系。也就是说，我们不可能为了把风险降到零，而不顾一切地把所有的检验检测手段都用上。如果这样做，风险是可控了，但是检验成本、检验效率是检验单位和使用单位无法接受的。比如检验一台储气罐，储气罐泄漏，不会造成大的损失，但是如果储气罐强度失效了，炸了或者封头飞了，则可能造成不小的损失，所以检验储气罐的时候，应重点考虑其强度失效。为了降低强度失效的风险，可以增加测厚点、检测手段和提高检测比例。但是不能一味为了降低风险，就对一个储气罐进行全面的超声检测、磁粉检测和渗透检测。也就是说，为了一台储气罐，付出得太多了，不划算。所以，对一台容器，采用的检验手段及检测比例，与降低容器的失效风险之间，必须取得一个平衡，这就是检验的策略选择问题。

检验策略对检验的影响非常大，是检验安全的重要保证。但是在目前的检验中，对检验策略的选择仍然存在两种错误的观念。一种观念认为，只要按照《固定式压力容器安全技术监察规程》的要求进行检验，即使容器出事了，也与自己无关，但真的与自己无关吗？我们觉得未必。另一种观念认为，检验的时候，只要认真检，把所有的缺陷都检出来了，这样容器就肯定不会出事。两种观念都存在一定的片面性。一方面，我们检验的最终目的，不是逃避容器失效后的法律责任，而是最大限度地降低容器失效的风险，从而避免事故的发生。另一方面，检验确实应该做到尽心尽责，但是不能一味地为了控制检验风险，而不顾检验成本和检验效率，导致抓不住检验重点，人为提高检验成本，降低检验效能。所以，在检验中，只有对检验策略有一个清晰的理解和正确的认识，才能制订好检验策略。

2. 制订检验策略的依据

传统检验策略制订的依据是容器的损伤模式，这种基于损伤的检验策略存在众多的弊端，前文已经详细说明，这里不再赘述。制订检验策略的依据应该是容器的风险水平和风险点，只有针对容器的风险来制订检验策略，才能切实提高检验的针对性，降低容器的失效风险水平。对于风险点的识别，前文已经进行了详细的说明，在这里，我们只对容器的整体风险水平的评估进行详细的介绍。容器的整体风险水平的高低，对于检验策略的制订有着决定性的作用。对风险高的容器，不但要综合运用多种检测手段，还要提高检测比例，精准选择检测部位。压力容器整体风险水平的高低主要取决于以下几个方面：

（1）导致失效或损伤的因素是否可以消除。

如果导致损伤的因素可以消除，那么相关因素消除后，就不存在失效的风险。比如空气储气罐非常容易腐蚀，从而导致强度失效，如果通过对空气进行干燥、做好防腐、定期排污等方式避免了腐蚀，那么空气储气罐失效的风险就可以排除，风险完全可以控制。又如有的容器，介质中存在高浓度的氯离子，导致容器发生氯化物应力腐蚀开裂，如果使用单位不能通过工艺手段降低氯离子的浓度，或是改变其他因素来避免氯化物应力腐蚀开裂，那么，风险就是不可控的，也就是说对这类容器的检验，单纯通过检验手段是无法完全消除潜在的失效风险的。

（2）过去一个周期内的损伤程度。如果导致损伤的

第五章　压力容器检验的风险控制

因素难以避免,但是损伤在过去一个检验周期内累积的损伤很轻微,而且导致损伤的相关因素对损伤的影响较小,那么,风险是可控的。比如,容器虽然发生了腐蚀,但是,腐蚀很轻微,完全在可以接受的范围内,这种情况下的风险是可控的。又如,容器存在环境开裂,裂纹的产生及扩展极其缓慢,一个检验周期内累积的损伤完全不影响安全使用,那么风险完全可控,反之则不可控。南通某公司的球罐,在上次的定期检验中发现了多条裂纹,修理合格后,检验周期定为4年。但是在使用2年后便又发生了开裂,这说明这种开裂风险是不可控的。虽然缺陷消除了,但导致开裂的风险因素并未消除,并且这些相关因素导致裂纹的产生和扩展比较迅速。所以,该球罐整体风险水平高且完全不可控,单纯通过检验手段来控制风险,难度相当大。

(3)缺陷被检出的难易程度。

比如有的缺陷通过宏观检查就能检测出来,效率高,有效性高。有的缺陷要通过表面检测或埋藏缺陷检测才能检测出,这种缺陷使用常规手段也能检测出来,有效性一般也是比较强的。但有些缺陷很难检测出来,通常需要特殊手段,比如回火脆化,要通过设置挂片做冲击试验才能评估回火脆化状态,有时挂片还不一定准确,获得的冲击数据与实际可能就会有偏差。可见,缺陷被检测出的难易程度,对风险的影响非常大。

（4）失效后果是否可以避免。

如果通过应急救援措施可以及时识别失效信号或是能避免造成大的人员伤亡和财产损失，那么即使检验失效了，风险也可控，因为后果可以完全避免。如果容器一旦失效，后果完全无法避免，那么容器的整体风险水平就相对较高了。

（5）损伤是否可以在线监测。

在某些情况下，损伤无法避免，损伤的扩展速度也无法预测，如果能在线监测损伤的变化，提前判断损伤对失效的影响，那么也可以避免失效的风险。比如腐蚀减薄，可以通过定期测厚来判断腐蚀状况以及是否满足强度要求，也就是说，对于腐蚀减薄，我们可以随时在线监测，而且准确度高，成本低，风险完全可控；对于环境开裂，其随时可能发生，开裂的部位也可能无法预测，而且这种开裂也无法通过有效的检测手段进行在线监测，这些都会导致容器的整体失效风险的增加。

通过以上几个方面可以大致判断容器失效风险水平的高低。对于整体风险水平高的容器，要综合选择各种检测方法，提高检测比例，增加检测部位。总之，对于这类容器，我们必须付出100%的精力来最大限度地降低容器的失效风险，将容器的失效风险降低到可以接受的水平。比如，球罐检验，需要8名检验人员合作，花费3~4天的时间才能完成1台球罐的检验。为了确保球罐的检验安全，我们对球罐进行了 100% 的 UT 检测、100% 的 MT 检测、100% 的 PT 检测。为了确保万无一失，我们还对球罐的重要焊缝进行了 TOFD 复验。为什么对球罐的检验要求远远高于《固定式压力容器安全技术监察规程》的要求？因为球罐不管对使用单位或者对检验单位来说，都太重要了，一旦出了问题，其后果是不能承受的。所以，我们对这一类容器的检验，要付出 100% 的精力和努力，这种付出也是值得的。

3. 检验策略的 3 个关键要素

检验策略主要包括检测方法、检测部位、检测比例这 3 个关键要素。《固定式压力容器安全技术监察规程》关于检测只是给出指导性的原则，并没有告诉我们每一台容器到底该选用什么检测方法，也没告诉我们到底该检验哪一个焊缝、哪一个接管。这就要求我们必须结合容器的失效模式、损伤模式以及容器的工况环境、容器的风险水平，选择合适的检测方法和具有代表性的检测位置以及合理的检测比例。比如容器的压力很高，非常容易导致强度失效，为了降低强度失效风险，必须确保材料厚度满足要求，同时还要确保焊缝不能有埋藏缺陷和表面缺陷，否则在高应力的作用下，非常容易开裂，导致强度失效。根据风险识别的要求，要对容器进行测厚、埋藏缺陷检测和表面检测。但是检测哪里、检测多少，并没有告诉我们。由此，要根据容器的整体风险水平以及风险点的风险水平制订检验策略。首先涉及比例问题，如果后果非常严重，那就要100%检测了；如果后果轻微，可能10%检测就行了。其次涉及部位问题，如果是应力导致的强度失效，优先选择应力水平最高的部位纵缝要优先于环缝，丁字缝要优先于纵缝，等等。同时还要对导致开裂的相关因素进行评估，敏感性高，就要提高比例，增减检测部位。

（1）检测方法的选择。

在现场检验时，遇到最多的问题就是，不知道到底是该做超声检测，还是该做表面检测，也搞不清楚到底是该做对接焊缝检测，还是该做角焊缝检测，导致我们在检验的时候，随便选，随便做，一切凭感觉，从而导致无损检测失去针对性。在无损检测方法的选择上，应结合容器的失效模式、损伤特点、工况环境，选择合适的检测手段。

要考虑风险水平对检测方法的影响。对于整体风险水平高的容器，我们要考虑综合运用多种检测方法，使用灵敏度高的检测方法，确保容器的检验安全。

要考虑失效模式对检测方法的影响，对于以强度失效为主的容器，应该做好宏观检查，重点关注焊缝的错边和棱角，确保焊缝几何尺寸满足要求；增加测厚，保证材料厚度满足强度要求；增加埋藏缺陷检测，确保焊缝不会产生大面的开裂。对于以泄漏失效为主的容器，宏观检查应重点检查法兰紧固件的密封性能、焊缝母材是否有腐蚀坑、腐蚀孔等局部腐蚀，无损检测主要是对接管角焊缝进行表面检测，防止接管角焊缝因开裂而发生泄漏。

要考虑损伤模式对检测方法的影响。不同的损伤模式，只有选用相应的检测方法，才能提高检测的有效性，对于腐蚀减薄的容器，应该以宏观检查、测厚为主，必要时候增加表面检测或者埋藏缺陷检测，防止腐蚀坑之间产生开裂；对于存在应力导向开裂或氢致开裂以及其他内部开裂的容器，首先要考虑埋藏缺陷检测；对于存在各种环境开裂的容器，首先要考虑表面检测；温度过高造成的损伤，首先要考虑相应的特殊检测方法。

要考虑材料厚度对检测方法的影响。随着材料厚度的增加，材料的焊接性也随之变差，各种淬硬组织及焊接缺陷发生的概率也随之增加和提高，这时首先要考虑埋藏缺陷检测。

要考虑应力对检测方法的影响。当应力水平较低，不大可能造成强度失效时，应该根据介质的毒性或者易燃易爆特性，考虑是否存在泄漏失效，如果有，就应该更多地考虑表面检测；随着应力水平的升高，焊缝在原始缺陷处或者淬硬组织处开裂的风险也随之升高，这时要考虑埋藏缺陷检测；当应力处于一个非常高的水平或者容器的使用压力非常高时，不管介质是否有毒或者易燃易爆，这个时候不但要考虑容器的强度失效风险，还要考虑容器的泄漏失效风险。检测方法不但要考虑埋藏缺陷检测，还要包括表面缺陷检测，防止容器发生强度失效和泄漏失效。

（2）检测部位的选取。

检测部位的选取就是确定在哪些地方做检测，是做对接焊缝检测还是做角焊缝检测，做对接焊缝的哪一段检测，做哪一个接管的检测。这些要根据容器的失效模式、工况环境来判断，重点要考虑失效模式、应力、介质特性、容器载荷等因素对检测部位选取的影响。

要考虑失效模式对检测部位选取的影响。对于以强度失效为主的容器，要优先选择对接焊缝进行检测，防止容器对接焊缝开裂而发生强度失效；对于以泄漏失效为主的容器，要注意角焊缝的开裂对失效的影响。

要考虑容器的应力对检测部位选取的影响。应力水平不高，介质有毒或者易燃易爆，那么应优先选取角焊缝进行检测，角焊缝承受的载荷复杂，容易因开裂而发生泄漏失效；应力水平较高时，无论介质是否有毒或易爆，都应该对对接焊缝和角焊缝进行无损检测，因为即使介质无毒、不易燃易爆，一旦泄漏同样能造成人员的伤亡和财产的损伤，同时焊缝在高应力作用下，极易在原始缺陷处产生开裂，从而导致容器发生强度失效。

要考虑容器载荷对检测部位选取的影响。对于一些大型的容器，不但要关注受压元件与受压元件之间的焊缝，还要注意受压元件与非受压元件之间的焊缝，这些焊缝对容器失效的影响本来很小，但是由于载荷的作用，这类焊缝对失效的影响被放大了，在高载荷工况下，这类焊缝一旦出现问题，很容易导致容器发生失稳失效。比如球罐检验时，要注意球壳板与支柱之间的角焊缝，大型的塔器要注意裙座与下封头之间的角焊缝，耳式支承的容器，要注意支承件与筒体之间的焊缝，防止焊缝开裂导致容器发生失稳失效。

总之具体检测哪里，除了《固定式压力容器安全技术监察规程》规定的地方要检测外，其他地方是否要进行检测，需要由检验人员根据容器的特点、工况环境以及现场检验情况进行决定。比如成型不好的焊缝、残余应力部位、位于应力集中区域的焊缝、整体性检测发现异常的部位都是无损检测优先选取的部位。

（3）检测比例的确定。

检测比例的确定与容器的风险水平、损伤模式、工况性质、容器的制造状况有关。

要考虑容器整体风险水平对检测比例的影响。对于风险水平高的容器，要提高检测比例。比如球罐相比于普通的容器，不管是埋藏缺陷检测的比例，还是表面检测的比例，都应该大幅度地提高，因为球罐的风险水平要远远高于普通容器的风险水平。尤其是使用管理不善，人为导致容器风险水平提高的情况下，更应提高无损检测的比例。比如不按时维护防腐层或保温层，导致容器出现严重腐蚀的，应提高测厚和宏观检查的比例；对于擅自改变运行参数，导致使用参数超过设计允许范围的容器，应提高检测比例；对于盛装有毒介质或易燃介质的容器，或者使用单位无任何应急救援预案、措施及演练，现场又无任何应急监测设备的容器，应提高检测比例；不按操作规程进行野蛮作业，导致容器产生损伤，也应该提高检测比例。

要考虑损伤性质对检测比例的影响。对于存在相应损伤的容器，应根据损伤的性质、损伤的严重程度、损伤的发展速率、损伤对容器的危害程度，相应提高检测比例。比如环境开裂与腐蚀减薄相比，环境开裂应适当提高检测比例。这是因为腐蚀减薄发生的部位可以通过宏观检查或者测厚直接确定，而环境开裂发生的部位存在随机性，无法通过宏观检查进行确定，只能通过提高检测比例的方式，尽可能地把所有开裂部位都找出来。对于损伤程度严重的容器，检验时也应提高检测比例，通过提高检测比例，确保缺陷不被漏检。对于损伤危害较大的容器，同样应该提高检测比例。比如容器存在材质劣化，可能会导致容器整体失效，而且材质劣化程度还不易监测，在这种情况下，应提高检测比例，从而对容器的整体安全状况有一个清晰的了解和把握。

第五章　压力容器检验的风险控制

要考虑工况环境对检测比例的影响。工作压力越高的容器，意味着失效概率越高，失效后果越严重，那么在检验时也应随着压力的增加而提高检测的比例；工作温度越高的容器，容器的损伤就会越复杂，也应该提高检测的比例；对于工况恶劣的容器，比如容器工作的环境中存在大量的腐蚀性气体，容器长期处于振动环境中，或者长期处于疲劳环境中，以及反复开停车，使用单位管理不善，经常野蛮操作的容器，都应结合检验情况提高检测比例。

要考虑制造质量对检测比例的影响。对于焊缝质量差或者焊缝存在制造缺陷比较多的情况，也应该提高无损检测的比例。

要考虑使用年限对检测比例的影响。检测比例还应该考虑设备的使用年限，随着设备使用年限的增长，应该考虑适当提高检测比例。特别是对于超过设计年限的容器或者使用超过20年的老旧容器，随着超期服役，各种与时间相关的缺陷都会慢慢对容器安全使用构成威胁，因此应提高检测比例。

二、优化检测方法，提高缺陷的检出率和检测的针对性

1. 对检测方法进行合理归类

常规的检验项目主要有宏观检查、壁厚测定、表面无损检测。宏观检查很好办，直接用肉眼看就行了。测厚和表面检测就比较麻烦。测厚，到底测哪里？表面检测，到底在哪里进行？对于测厚部位和无损检测部位的选择，有两个办法，一个办法是通过宏观检查，也就是用眼睛对容器进行整体性扫描，找出异常部位，然后对该部位进行测厚和表面无损检测；另一个办法是利用经验去预判容器容易出现异常的部位，然后对该部位进行测厚和表面无损检测。其实不管是测厚，还是表面无损检测，都是必须先做宏观检查和缺陷预判，然后再对可疑部位进行测厚和表面无损检测。也就是说，对于容器的检验来说，只需两步就行，第一步进行整体性检测，也就是宏观检查和缺陷预判；第二步，根据整体检测的结果，进行有针对性的精细化检测。

另外，在检验中必须处理好检验策略问题，才能提高检验的针对性。检验策略的制订必须解决好检测方法、检测部位、检测比例问题。对于检测方法和检测比例很好解决，可以根据容器的失效模式、损伤模式以及容器的工况，选择合适的检测方法和检测比例，但是检测部位却很难选取。《固定式压力容器安全技术监察规程》

第五章　压力容器检验的风险控制

对无损检测部位的选择有一定的要求，但是在实际检验中操作性不强，尤其是对埋藏缺陷的检测部位，规定得更少，从而导致我们很难确定检测部位，有时候完全凭经验、凭直觉去确定检测部位，这样就导致了检验检测的盲目性。

正是基于以上这些原因，我们对无损检测的方法进行了分类，可以把所有无损检测方法分为两类：

一类是整体性检测手段——宏观检查、声发射检测、应力分析等；另一类是精细化检测手段——UT 检测、MT/PT 检测、TOFD 检测、金相检测等。

这样分的目的是最大限度地降低缺陷的漏检，提高检验的针对性和有效性。所谓整体性检测，就是通过对容器内外整体性的扫描，发现容器的异常部位，从而为后续的精细化检测指明方向。目前最有效的整体性检测手段就是宏观检查，所以，在检验中应充分发挥宏观检查的重要作用。宏观检查也最为直接、有效，但是其也有缺点，非常依赖于检验人员的经验和责任心，因此具有较大的主观性，容易导致缺陷的漏检。因此，检验时，可以在做好宏观检查的基础上，辅助采用声发射检测、应力分析等整体性检测手段，以弥补宏观检查的不足，避免缺陷的漏检。

在这里，有一点很重要，那就是整体性检测必须得灵敏可靠，比如宏观检查和缺陷预判必须得能发现潜在

173

的缺陷，否则后续的精细化检测就失去了方向，也就失去了检测的针对性；同时，精细化检测也要灵敏可靠，否则，即使整体性检测发现了异常，精细化检测如果不灵敏，就无法对缺陷进行定性分析。检验时，需要针对不同的容器，选择不同的整体性检测手段和精细化检测手段，从而提高缺陷的检出率。

2. 整体性检测

（1）引入整体性检测手段的原因。

在实际检验中，经常会发现容器存在开裂现象。对于这些开裂，我们最大的感受就是能发现这些裂纹太幸运了，如果未能发现，万一发生了事故该怎么办？对一台容器的检验，根据《固定式压力容器安全技术监察规程》的要求，在压力容器的定期检验中，须对容器的内外表面进行100%的宏观检查，但在实际的检验中，由于各种条件的限制，我们可能无法做到对内外表面进行100%的宏观检查。在最理想的情况下，即使我们有条件对容器的内外表面进行100%的宏观检查，但是，也不可能发现所有的潜在缺陷，毕竟人的能力是有限度的。宏观检查是我们在平时的检验中使用的最重要的一种整体性检测手段，也是定期检验中一种最为重要的检测项目。这种整体性检测手段具有高效性、直观性，其对容器进行最为直接的扫描，发现异常后，再进行精细化的检测，从而对可能存在的缺陷进行定性、定量分析。宏

第五章　压力容器检验的风险控制

观检查可以帮助我们过滤掉大部分的检验风险，从而有效提高检验的效率和针对性。同时，这种检测手段非常依赖于检验人员的责任心和经验，如果责任心不足，对容器随便看看，必然会导致缺陷的漏检；又或者是检验人员经验不足，不能对容器的重要位置或者容器发生缺陷的位置进行细致的宏观检验，也会导致缺陷被漏检。可见，宏观检查这种最重要的整体性检测手段，在具有普适性的同时，也具有很大的局限性。由此需要引入声发射检测、应力分析、磁记忆检测、缺陷预判等整体性检测手段，来弥补宏观检查在定期检验中的不足。

另外，还需考虑无损检测问题。《固定式压力容器安全技术监察规程人》并没有要求我们一定要做100%的无损检测，这就意味着，不管是对什么容器的检验，都没有必要对全部的焊缝和母材进行100%的无损检测。但是，同时这也意味着，容器的某一部位极有可能存在未被发现的缺陷。比如，虽然很多容器并不一定要进行埋藏缺陷检测，但是总会有一些容器，因为这样或者那样的原因而存在一些埋藏缺陷，这些缺陷也许压根就与容器的工况无关，所以我们利用相关的损伤失效模式很难预判埋藏缺陷可能出现的位置，从而导致我们对埋藏缺陷的检测失去了针对性，这样就会导致缺陷漏检率的升高。因此，应引进一些整体性的无损检测手段，筛选出可能存在缺陷的位置，然后对可疑的位置进行更为精细化的宏观检查或者无损检测，从而降低漏检风险，提高检验的安全性。

基于以上原因，有必要引入整体性检测手段，帮我们大致筛选出可能出现缺陷的位置，然后再对这些可疑位置进行精细化的检测，从而提高检验的效率和针对性，避免缺陷的漏检，确保检验的安全性。

（2）整体性检测的重要作用。

研究整体性检测手段，一是为了从整体上检测或者预判容器可能存在缺陷的部位，从而为后续的精细化无损检测指明方向；二是为了最大限度地降低容器的缺陷漏检率，从而提高检验的安全性。

先看一下常规检验流程，所有容器的检验，都是先进行宏观检查，然后根据宏观检查的结果，确定测厚的位置和无损检测的位置等。宏观检查也就是对容器进行整体性的扫描，快速发现异常部位，然后再对异常部位进行更为精细化的检测，比如测厚和超声、磁粉检测等。在这里，我们把宏观检查归类为整体性的检测手段，把测厚、超声检测等归类为精细化的无损检测手段。整体性检测手段是对容器进行整体性的扫描，找出异常部位，然后再用精细化的检测手段对异常部位进行精细化的无损检测。这样的无损检测将具有非常强的针对性。比如，先对容器进行整体性的检测，然后针对声发射所发现的异常部位，进行精细化的常规检测；又如先对球罐的应力状况进行模拟分析，找出应力异常部位，然后再对这些部位进行精细化的常规检测，从而提高检验的针对性。

（3）建立整体性检测工具库。

定期检验中最常用的整体性检测手段主要有宏观检查、磁记忆检测、声发射检测、应力测试（包括应力分析）、缺陷预判等手段。这些新的检测手段，都具有自己的特点，对特定材质、特定损伤形态具有不同的灵敏度，在实际的检验中，应结合容器的工况、损伤机理及失效模式，选择合适的整体性检测手段，提高检验的针对性和有效性，最大限度地避免缺陷的漏检。

我们要了解这些检测手段的灵敏性、可靠性及它们的适用场景。声发射检测在压力容器上的应用已经非常成熟，其应用范围非常广。磁记忆检测要编制专门的检测工艺，并通过试件或者实际检测不断地优化检测工艺，确保检测的灵敏性和可靠性。缺陷预判需要不断积累经验，归纳整理损伤的一般规律，比如容器的冲蚀规律和腐蚀规律，从而预判容器最容易受冲蚀和产生腐蚀的部位；研究造成表面裂纹的原因和规律，从而预判出容器最容易产生表面裂纹的部位。应力分析和应力测试，有利于识别出容器的应力异常部位，从而帮助选取检测部位。

对于工况环境恶劣、结构复杂、损伤模式复杂，或者无法进行全部内外表面宏观检查的大型容器，应该根据容器的结构特点、工况特点、材质特性,选择合适的整体性检测手段,发挥整体性检测的作用,提高检验的针对性,避免缺陷的漏检。

3. 精细化检测

精细化检测的方法已经非常成熟,有相关的检测标准、成熟的检测工艺,可以保证检测的灵敏性和可靠性。通过常规的渗透检测和磁粉检测,可以对常规容器的表面缺陷进行有效检测;通过普通的 UT 检测,再配合射线检测,不但可以有效检测埋藏缺陷,还可以对缺陷进行定性、定量分析。对于特殊内容的检测,必须引进 TOFD 检测或者相控阵检测,从而提高检测的灵敏性和可靠性。比如,对于一些因结构而无法进入内部的容器,可以利用相控阵检测,编制特定的检测工艺,从外表面对容器内表面的表面缺陷进行检测。我们通过相关的试验已经证实了该检测工艺的可行性。特别是小型氨制冷容器,数量多,介质有毒,容器的失效风险水平较高,并且该类容器有专门的检验工艺,可以进行在线不停车检验,所以有的小型氨制冷容器可能从投用到报废都没有进行过内部检测,特别是氨液成分超标的容器,内表面存在氨应力腐蚀开裂的风险,常规超声检测可能无法对内表面的开裂进行检测,但是在厚度达到一定条件的情况下,可以利用相控阵从外表面对容器的内表面的腐蚀和开裂进行检测,从而有效降低该类容器的失效风险。

还有对容器进行基于风险的检验时，采取在线检验策略时，同样可以采取 TOFD 检测或相控阵检测。一方面，可以提高检测的灵敏性，另一方面，可以从外表面对内表面的表面缺陷进行检测，从而提高在线检验的安全性，大幅降低容器的失效风险。还有大量的不可拆式换热器、石墨容的壳体以及夹套容器的夹套部分等都可使用这些检测工艺，对容器的内表面的表面缺陷进行检测。

三、基于风险的特种设备管理

使用单位进行各种管理的最终目的不是为了应付各级部门的日常检查，而是为了切实降低容器的失效风险，确保正常的连续生产。所以企业对设备管理的任何一个操作或动作都应该能有效降低风险，否则便是无效管理。传统的容器管理，只是简单粗暴地按照标准、规范做，看似管理很规范，实则对降低失效风险的有效性很有限。特种设备的管理，应结合容器的失效损伤模式以及工况特点，实施基于风险的设备管理，包括责任人员的设置、应急预案的编制、应急演练、现场应急设施的设置以及定期自行检查的内容等都应该以降低失效风险为出发点。比如对于易泄漏失效的有毒介质容器，使用单位应针对容器的泄漏失效结合介质特性编制应急预案，现场设置气体泄漏检测设备及其他应急设施。通过不断的应急演练修订应急救援措施，并不断评估应急救援措施的有效性，真正做到在容器失效后，能最大限度地避免造成大的人员伤亡和财产损失。在确定定期自行检查的内容时，应做到具有针对性，重点检查密封紧固件的密封性能，检查接管角焊缝是否有异常，检查法兰是否有泄漏迹象，检查现场应急设施是否灵敏可靠，等等，确保能在第一时间识别容器可能失效的各种信号。

1. 应急预案

国家颁布的相关法规，规定企业对各类重大危险容器都应该制订应急预案。应急预案是针对容器发生突发情况而制定的紧急应对措施。应急预案对预防事故的发生有着重要的意义。容器即使因检验失效而发生了失效，但是如果企业的应急预案有效，仍然可以避免事故造成大的人员伤亡和财产损失，这在某种程度上讲，应急预案的作用不亚于容器定期检验的作用。可见，应急预案的作用不言而喻。这就要求企业制订的应急预案必须是有效且具有针对性的。我们在以往的企业安全检查中，往往发现企业的应急预案都是照抄其他企业的模板，完全是为了应付检查，一旦发生紧急突发情况，这种预案完全没有作用。应急预案应根据容器的失效损伤特点，结合容器的工况去制订。比如一台有毒介质的容器，需要考虑的是容器泄漏了怎么办，用什么办法可以及早发现容器的泄漏，如何阻止有毒介质的扩散，扩散出去的介质如何回收，罐内的介质如何安全转移，万一泄漏失

第五章 压力容器检验的风险控制

控了,如何快速转移周围人员,如何实施相应的救援措施,等等,并且还要对制订好的应急预案不断地修改和优化,使之更加合理有效。

2. 应急演练

应急演练可以确保发生事故后能得到及时和妥善的应急救援,最大限度地降低事故发生的直接后果,避免相关次生灾害的发生,对特种设备的使用管理有着极为重要的意义。特别是容器失效后更应该进行应急演练,模拟复原事故现场和现场处置流程,对事故的原因进行分析,总结教训,避免同类事故再次发生。通过定期的应急演练,一方面,可以检验应急预案及应急设施的可靠性,并通过应急演练不断改进和优化应急预案,检查各应急救援设施的有效性和可靠性;另一方面,还可以提高使用单位对突发事故的应急处理能力以及各个部门的协调沟通能力。特别是对于风险水平较高的容器,企业应增加应急演练的频次,不断总结经验,提高应急演练的有效性。施工单位在定期的应急演练中,应该根据预案的要求高度模拟事故现场,确保应急演练起到应有的作用。我们在每年的安全检查中,发现大部分企业的应急演练并没有按照应急预案的要求进行,只是为了应付各级部门的检查,并没有发挥应急演练应有的作用。

应急演练应该引起足够的重视,它是确保容器安全的最后一道屏障。特别是对于一些整体风险水平高的容器，应检查其是否定期进行了应急演练、应急演练记录是否真实地模拟了事故情景，同时，应评估其是否能在事故发生后有效地减轻事故的后果。

3. 现场应急设施

应急救援设施主要是指使用单位为了避免事故的发生而设置的一些仪器、设备等设施，或者在事故发生后为了降低或者避免事故的后果而设置的一些必要的设施。尤其是一些有毒，或者易燃易爆介质的容器，更应该配置相关的应急救援设施。这些设施能识别容器发生失效的早期信号，并启动相应的应急救援设施，避免事故的发生。

应急救援设施通过提供容器的失效预警以及控制失效的影响范围和后果，从而有效降低容器的失效概率和失效后果。从降低容器的失效风险来看，应急救援设施与定期检验相比同样重要。正是因为应急设施的独特作用，其越来越引起相关各方的重视。应急管理部门要求企业的重大危险容器必须安装相应的预警监测设备，并对容器进行动态监测；社会相关机构对应急设施进行深入的研究，提供了丰富的产品；企业对应急救援设施也越来越重视，对重要容器进行联网监控，并成立数字化监控室，对该类容器进行 24 小时的动态监控。这些措施有效降低了重要容器的失效风险。

应急救援设施有着如此重要的作用，应该引起检验机构的重视，作为定期检验的延续和补充，根据检验的实际情况为企业提供合理的应急救援设施配置建议。比如对于腐蚀速率异常的容器，可以建议企业设置在线腐蚀监测设备，动态监控腐蚀的发展动态，实时了解设备的风险水平，防止设备突然失效；对于存在环境开裂的高风险容器，可以建议企业通过声发射动态监测裂纹的产生和扩展，识别容器失效的早期信号；对于易燃易爆、有毒介质的容器，可以建议企业设置气体泄漏监督检查报警设备，并设置相应的设备对泄漏源实施有效控制，同时控制介质的泄漏范围，从而有效控制泄漏的影响范围和后果；对于衬里容器，可以建议企业定期对泄漏孔进行监测并做好对相关元素的化验分析，评估衬里层的状况，从而识别容器失效的早期信号；对于压力高容易导致强度失效的重要危险设备，可以建议企业设置应力应变测试系统，实时监测容器的应力应变水平，帮助捕捉容器的异常状况。

检验中，对于相关容器，要检查其应急设施的设置情况，了解其原理，结合容器的失效损伤及工况特点，评估其灵敏性和可靠性，确保应急设施发挥应有的作用。

4. 基于风险的定期检查

使用单位应针对容器的失效损伤及工况特点，在遵守相关标准、规范的基础上，围绕容器的风险点增加具有针对性的检查内容。对于风险高的容器，应增加检查的内容和频次，对于影响风险水平的容器部件应定期进行维护和更换。比如对一台储气罐进行定期检查时，因为储气罐的主要失效模式是强度失效，所以在日常检查中，应重点检查储气罐是否定期排污，以防积水导致储气罐内壁发生腐蚀；检查防腐层的状况，防止容器发生外壁腐蚀；定期对容器进行测厚，防止容器因厚度不足而发生强度失效；检查安全阀及仪表有没有定期校验并及时更换，防止容器因超压而发生失效。对于一台储气罐来说，如果能做好这些定期检查，就能大幅降低容器的失效风险。

第六章

典型容器的风险识别与控制

第一节　不断提高检验能力，做好检验工作

一、提高理论知识素养，不断学习检验新技术

1. 掌握扎实的相关理论知识

理论知识不是空洞的，也不是用来辩解和高谈阔论的，而应切切实实地用来指导检验工作。还有不少人对理论知识存在不少错误的认识，以为理论知识没有用，总是自信地以为熟悉了基本的检验标准就能做好检验工作。这一观点是片面的，不是理论知识没有用，而是学得不够透彻，对相关的知识缺乏深入、系统的研究，只学点儿皮毛，肯定没用。检验是一项复杂的工作，不是简单的标准比对，而是需要在相关理论知识的基础上，有效识别和控制容器的失效风险，确保容器的使用安全。检验中，只有理论知识扎实，才能更好地理解检验、做好检验。检验标准是非常重要的，是多门学科在检验实践的基础上的理论总结，其贯穿于检验的全过程，规范检验的流程，是检验的依据。熟悉标准是做好容器检验的基本要求，为了更好地理解标准、贯彻标准，我们必须具有扎实的相关专业知识。比如损伤模式的识别，不是简单按照标准的要求进行对比，然后就能判定容器存

在哪种损伤模式。这显然是不现实的,因为导致损伤的相关因素非常多,我们必须深刻了解损伤的原理以及各种环境因素对损伤的影响。损伤模式种类多,损伤机理又各不相同,涉及电化学、材料学、金属学、力学、焊接学等多方面的知识。如果没有扎实的相关专业知识,很难对损伤原理有比较透彻的理解,更谈不上对损伤模式的准确识别。有限元分析是检验标准中最常用的一种分析方法,其涉及材料力学、理论力学、金属学等方面的知识,即使每个学科都懂,也不一定能有效使用有限元分析,而且,在掌握理论的基础上需要大量的实践、试验,还要结合丰富的经验,才能真正将有限元分析方法应用到检验中。有人可能认为,我们只检验,不需要了解有限元分析方法。但是,随着技术的发展,分析设计的压力容器将被普遍应用,基于有限元的各种分析方法也将被普遍应用到检验检测中。在这种大环境下,故步自封必将被时代淘汰。

2. 积极学习、探索检验新理念、新技术

目前压力容器的检验面临着各种各样的问题和挑战,解决问题的唯一途径就是检验技术的创新。多年来,检验技术局限于传统的方法和理念,这阻碍了检验技术的创新和进步,检验中面临的各种问题和矛盾也无法得到有效解决。比如检验成本与检验有效性之间的矛盾;停车时机与检验周期不一致之间的矛盾;企业对检验新技术的需求与检验技术落后之间的矛盾，等等。我们必须积极学习、探索检验新工艺，有效解决检验中的各种问题。研究新的整体性检测手段，提高检验的针对性和有效性，节约企业的检验成本，缩短停车周期，提高检验效能；研究压力容器的不开罐检验新工艺，解决无法入罐以及无法停车开罐等特殊容器的检验问题；基于新的检测技术，研究从外表面对容器内表面的表面缺陷进行检测，解决容器某些部位无法进行检测的问题；积极研究特殊材料容器的检验新工艺，特别是碳化硅、玻璃钢等新材质容器，目前还没有成熟的定期检验工艺，无法有效解决该类容器的检验检测问题。

检验是一项复杂的工作，需要各学科相关理论知识的支撑，并需要持续不断地推进检验技术的创新和进步，来解决检验中面临的各种问题和挑战。为适应新形势的需要，紧跟时代发展的步伐，检验机构应重视理论知识的储备，未雨绸缪，更新检验理念，学习先进的检验技术。

二、重视数据积累，建立检验数据库

现在是大数据时代，数据是每个行业的重要资源，也是一种重要的技术壁垒。对于检验来说，数据可为失效损伤模式的判别、各种模拟分析以及缺陷处理提供有力的支撑，同时数据还可为检验自动化、智能化提供数据接口。不管从哪方面来看，检验数据库的建设都应该引起检验机构的足够重视。特别是检验机构一年要检验大量的容器，可以积累各种数据，比如，介质对材料腐蚀的相关数据的积累，不同的介质其腐蚀特性到底如何，其在不同环境下的腐蚀特性有何不同。目前积累的数据，只是特定环境下的相关数据，而我们遇到的检验情况要复杂得多，同时新介质层出不穷，在检验中只能根据历年的腐蚀状况来评估下个检验周期的损伤情况，从而确定容器的下个检验周期。这种没有数据支撑，只凭以往的损伤情况来判断下个检验周期检验的损伤情况，具有一定的主观性和武断性。另外，材料的各种性能在不同的服役环境下会有不同的变化，而材料的各种力学性能是确保容器安全运行的基础，材料性能的变化对容器的安全运行有着重要的影响。对容器的各种分析、对缺陷的评定都是在材料性能不发生变化的前提下，但是这是不现实的，是不符合实际情况的，这就要求我们积累各种材料在不同环境下、在不同服役年限下的性能方面的数据，从而支撑检验。

三、积累检验经验，学习典型容器的检验

1. 重视检验经验的积累

容器的检验不光要有扎实的理论知识，还要有丰富的检验经验。理论是理想化的模型，是检验实践的总结，与实际检验还有一定差距。光有理论而没有检验经验，

无疑是纸上谈兵。检验的实际情况要比理论复杂得多，这需要检验人员根据特定的工况环境，制定特定的措施来控制容器的失效风险。同时，在检验中，也要深化对理论知识的理解，坚持从实践中来，到实践中去。没有实践支撑的理论是虚无缥缈的，没有理论指导的实践是盲目的。因此，既要注重相关检验知识的学习，也要在实践中不断积累检验经验。

2. 学习不同类型容器的检验

容器类型多，结构不一，工况环境又千差万别，损伤机理和失效模式也各不相同，所以不同容器的检验方法也是不同的。当我们遇到不熟悉的容器时，往往有一种不会检的感觉，最重要的原因就是对容器的结构不熟悉，对容器的损伤失效模式不熟悉，导致不知道容器的检验重点，感觉无从下手。检验方法和检验经验是慢慢积累的。在平时的检验中，要对结构、损伤失效机理、检验方法相似的容器进行分类整理。比如球罐，大部分球罐的结构基本相似，失效模式也相似。不同的就是工况环境，进而导致损伤模式及整体风险水平不同，从而引起后续检验策略的不同。我们在对容器进行归类整理时，既要看到其共同点，也要看到其不同点。共同点是分类的依据，不同点是针对具体工况制订不同检验策略的依据。看不到不同点，对所有容器的检验千篇一律，就失去了检验的针对性。

第六章　典型容器的风险识别与控制

第二节　典型容器的风险识别与控制

一、大型塔式容器检验的风险识别及控制

1. 塔式容器在化工行业中的独特作用

在化工生产中，有两种最重要的生产工艺，一个是化学物质的反应，一个是化学物质的提纯分离。对于反应的容器，最常见的就是各种反应釜。那么有了反应釜，为什么还要塔式容器？既然塔式容器那么危险，为什么不用反应釜完全代替塔式容器呢？我们先就反应方面来说明两者之间的区别以及反应类塔器的不可替代性。反应釜可以使物料进行反应，某些塔器也可以使物料进行反应，但是这两种截然不同的容器，是不能完全相互替代的。多种物料可以在反应釜中混合进行反应。这时，为了使物料充分混合，反应釜内常常设置搅拌装置，可以使物料充分反应。当然，随着产能的提高，可以增大反应釜的体积。但是，反应釜体积增大后，所有的物料都堆积在一起，搅拌的作用会越来越小，物料不能充分混合，将严重影响反应效率。同时，由于物料的大量堆积，热量不能得到很好的传递，有的地方温度高，有的地方温度低，温度高的地方反应快，温度低的地方反应慢，

也在一定程度上影响了反应的效率。可见反应釜体积越小，反应效率越高，体积越大，反应效率越低。在需要进一步提高产能的情况下，盲目增大反应釜的体积，对于提高产能是不利的。在这种情况下，就要用到反应塔，通过在塔内设置层板，可以使物料得到充分的混合，从而提高反应效率。这只是从反应角度来说明反应塔与反应釜的不同。如果从分离提纯方面来看，反应塔的作用更不是普通容器所能替代的。更重要的是，塔式容器可以实现物质之间的传质传热，这也是普通容器所不具备的。所谓传质，就是质量在一相内的传递，比如氨在空气中进行扩散；或者是从一相传递到另一相，比如气体介质溶解到液相介质中。正是由于传质作用，塔式容器具有了介质的分离提纯作用，比如各种精馏塔、吸收塔、解析塔等。塔式容器还可以实现传热功能，比如利用蒸汽来加热所需要分离的介质，使之蒸发，进而基于沸点的不同，实现分离提纯的作用，比如甲醇提纯塔、氨气汽提塔等。

2. 塔式容器的结构及工作原理

塔式容器根据其结构特点和生产工艺的不同，可以有不同的分类。根据结构的不同，可以将塔式容器分为板式塔和填料塔。根据生产工艺的不同，可以将塔式容器分为反应类塔和分离提纯塔。比如常见的氢化塔、各种合成塔都可以看作反应类塔，精馏塔、汽提塔可以看作分离提纯类塔。分离提纯塔根据其提纯分离的原理的不同又可以分为很多种：根据沸点不同而进行提纯分离的塔器，如汽提塔；根据介质在溶剂中溶解度的不同进行提纯或分离的塔器，如吸收塔、解析类塔等。

塔式容器种类繁多，但是其主要的结构部件是一样的。包括塔体、支座、人孔、各种接管、手孔、检查孔等。如图6-1中塔的主要部件，这些部件与塔的种类无关，不管什么类别的塔都必须有，唯一不同的就是塔的内部结构由于工艺的不同而有所不同。图6-1是板式塔的结构示意，塔的内部是一层一层的塔板，塔板的主要作用是为介质的传质或者传热提供接触面积。液体从塔的上面一层一层地向下流，气体从塔体下部穿过一层一层的塔板流向塔的上部，气相和液相在塔板处进行传质或者传热。除塔板外，塔的内部还有溢流堰、降液管等，溢流堰主要让液体在塔板上分布得更均匀，并且保持一定的厚度，提高传质或者传热的效率，降液管可以引导液体从上一层塔板按照特定的路径流向下一层塔板。

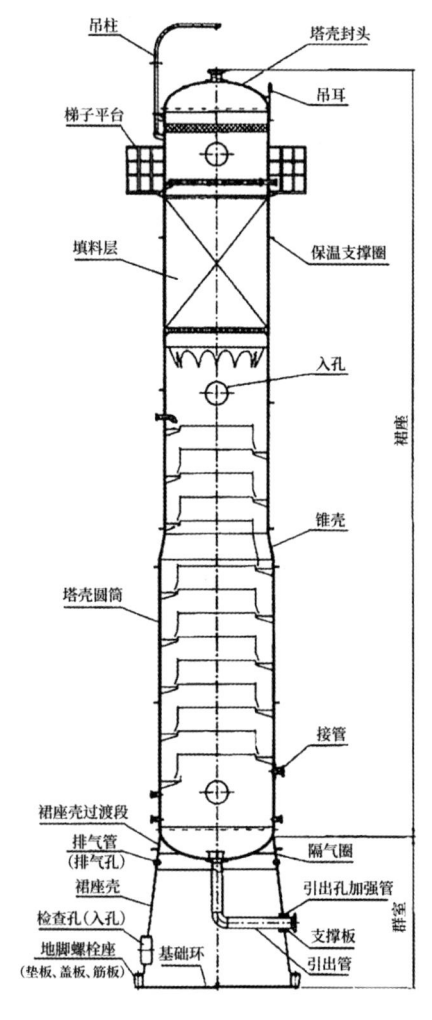

压力容器定期检验中风险识别与控制

图 6-1 板式塔的结构示意

对于填料塔来说，塔体内部的塔板会很少，塔板和塔板之间会填上填料，填料塔的结构示意如图 6-2 所示。

填料塔的外部主要结构与板式塔是一样的,唯一的区别是内部塔板数量减少,取而代之的是填料。填料的主要作用:一方面,可以阻止气体把液相介质带走,有助于提高纯度;另一方面,可以增大液体和气体的接触面积,提高气液传热效率,有利于低沸点物质快速蒸发,提高分离提纯效率。另外,填料还可以延长气液热交换时间,使低沸点物充分蒸发,提高介质的纯度。填料层不能过厚,如果过厚,液体就会慢慢流向塔体内壁,填料层越厚,这种现象越明显,从而降低换热效率和提纯效率。所以在塔的内部,要设置一段一段的塔板,塔板与塔板之间是填料。塔的每段之间又设置单独的液体分布器和液体收集器。液体分布器的主要作用是使液体在从上向下喷淋的过程中,保证液体均匀地喷洒在填料上。液体分布器往往设置在塔的顶部或者上一层塔板的下端。液体收集器的主要作用是收集从上一层流下的液体,然后流入液体分布器,再重新把液体往下均匀喷淋到填料上。

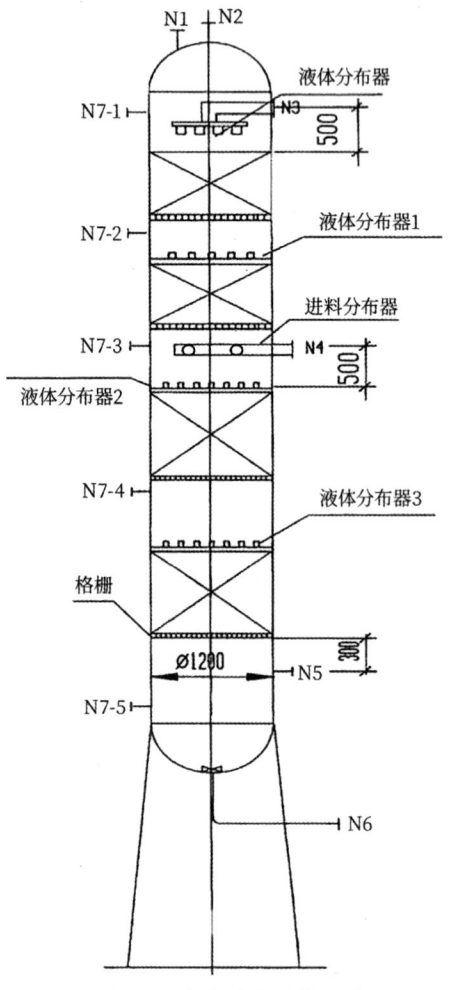

压力容器定期检验中风险识别与控制

图 6-2 填料塔的结构示意

3. 塔式容器的结构特点对检验的影响

（1）塔的结构对检验的影响。

塔式容器往往高而大，内部结构复杂，一层层塔盘导致塔器内部空间狭小，这种结构特点往往导致很多地方难以进行检测。塔器动辄几十米高，有的甚至上百米高，检验的时候从底部一点一点检到顶部，不太现实，另外塔器的人孔设置有限，内部构件也不可能全部拆除，而且塔器的外部检修平台也不能对塔器的外表面全部覆盖，这种结构上的特点决定了并不能对塔器内外表面进行100%的宏观检查，从而导致缺陷的漏检。塔式容器的外部结构如图6-3所示，塔器的人孔及检修平台有限，外部搭设脚手架极其困难。不同结构的塔器对检验的影响并不相同。比如板式塔，内部是一层一层的塔板，在进行内部检验的时候，可以这些塔板为支撑进行内部检验。图6-4中，是板式塔的塔板，中间方孔为通道，检验人员可以借此通道，一层一层地对塔式容器进行内部检验。图6-5是检测人员站在塔板上进行宏观检查。但是，填料塔的塔板数量少，有的部位必须搭设脚手架，但是如果塔的直径比较小，而且塔又比较高，在这种情况下，搭设脚手架往往是比较困难的。所以在检验前，必须了解清楚塔的内部结构，从而制订有效的检验方案。

压力容器定期检验中风险识别与控制

图 6-3 塔式容器的外部结构　　图 6-4 板式塔的塔板及通道

图 6-5 检测人员站在塔板上进行宏观检查

（2）塔的不同部位损伤各不相同。

内部结构的不同，导致介质的流向不同，所以，要注意物料进出管设置以及介质流向的不同对塔体内壁造

第六章　典型容器的风险识别与控制

成的不同冲刷或冲蚀，还要注意不同的工艺条件，对塔造成的损伤也大为不同。有的塔需要比较高的工作压力，而且每段的工作压力又有不同。比如，对于一般的分离提纯塔，越往上压力越低，这时候要注意应力对损伤的影响，同时要根据塔的整体应力水平的不同，识别出塔的危险部位。有的塔需要在较高的温度下进行反应或者分离，在这种情况下要注意温度对损伤的影响，还要注意塔的不同部位之间温度的差异。比如，随着气液进行热交换，塔从下往上温度越来越低，整个塔器的温度存在一定的温差，这在检验的时候应予以考虑。同时还要注意介质在塔内之间的差异，不同的塔段，介质可能是不同的。比如，对一般的分离提纯塔来说，越往上介质越纯净，从而对塔所造成的损伤也往往越轻微，越往下，介质越复杂，同时塔的底部所承受的载荷也越大，所以，对塔体的损伤也越严重。

（3）失效模式复杂。

塔器的失效模式复杂，多种失效模式共存，既有应力等外部因素导致的失效，也有内部工况环境所导致的失效，还有结构附属部件所导致的失效。多种失效模式共存，导致失效的多种因素交织在一起，增加了塔器失效风险因素的识别难度。

（4）应力分布复杂。

由于受到多种性质载荷的作用，比如，除了承受压力载荷外，还承受重量载荷、风载荷、地震载荷等外部载荷，同时，塔器自身载荷的波动以及温度的变化、管道附件的连接力等也对塔器的应力分布产生重要的影响。特别是风载荷、地震载荷具有随机性，对塔器的影响更加复杂。同时，塔器比较高，载荷的不对称导致塔器承受较大的弯曲应力，塔器的高度、风载都会对弯曲应力产生较大的影响。

（5）整体风险水平高。

由于结构，塔器的某些部位往往无法进行检测，容易造成缺陷的漏检，降低了检验的有效性，提高了容器的失效风险。塔器一旦失效，后果极其严重，且很难通过相应的应急救援措施来防止或者避免后果的发生。所以，塔器的整体风险水平较高。

4. 塔式容器的主要失效模式

（1）强度失效。

介质对材料腐蚀，导致塔器强度不够，使容器发生整体性的或者局部性的强度失效。容器的局部在外界复杂载荷的作用下，加之结构的原因，局部应力集中，从而导致局部强度不够，而发生强度失效。如果塔器存在环境开裂，也会由于裂纹的扩展或者贯穿而发生强度失效。

（2）泄漏失效。

泄露失效如法兰、阀门或者其他密封紧固件的失效导致的泄漏，接管角焊缝开裂导致的泄漏，裂纹的贯穿导致的泄漏。在检验中，也要注意高温、高压对密封紧固件密封性能的破坏所导致的泄漏失效。

（3）刚度失效。

刚度失效即塔器因发生过大的弹性变形而引起的失效。比如塔器在风载荷作用下，若发生过大的弯曲变形，会破坏塔器的正常工作或使塔体受到过大的弯曲应力。

（4）失稳失效。

失稳失效即在应力的作用下，塔器发生强度破坏前，突然失去其原有的几何形状引起的失效。比如塔器局部在应力和温度的共同作用下，发生鼓包、变形等。

5. 塔式容器的主要损伤模式

（1）应力导致的变形和开裂。

塔器整体受力复杂，局部由于外界各种因素的影响，应力过大而发生变形或开裂。比如，外部管道以及其他附属部件对塔器局部应力的影响；裙座与下封头之间的焊缝，不但承受容器本身各种载荷的作用，还要承受较大的风弯矩，因此，非常容易产生开裂；裙座对周围母材及焊缝造成的局部应力集中，非常容易使该区域的焊缝产生开裂。

（2）工况环境对容器损伤的影响。

具体要结合容器的使用介质、压力、温度及材质，判断容器的具体损伤模式。同时，应结合容器的历次检验报告，准确识别容器的损伤模式，评估损伤的危害程度和对下个检验周期的影响。要注意温度对塔器的影响，温度越高影响越大，温度高不但可以造成材质劣化，还能导致塔器承受较大的温差应力，塔器在热胀冷缩的作用下会导致结构变形。

6. 塔式容器的检验策略

（1）检测方法的选取。

对于宏观检查，主要检查内外表面的腐蚀、变形、机械损伤、焊缝的几何尺寸以及肉眼可见的表面裂纹，特别是对于老旧的塔式容器，由于制造工艺控制不严，往往存在超标的错边、棱角等缺陷，尤其是应力集中区域的超标缺陷，更应该引起重视。如图 6-6 所示，对一台甲苯分离塔的内部检验发现其存在严重的错边超标。如图 6-7 所示，甲苯分离塔的内表面存在腐蚀。如图 6-8 所示，甲苯分离塔内表面存在裂纹。对于无损检测，检验时应使用多种检测手段，增加整体性检测手段。比如，通过应力分析、声发射检测等整体性检测方法，找出应力集中部位或者异常部位，然后通过精细化检测手段对这些异常部位进行重点检测，最大限度地提高检测的有效性，避免缺陷的漏检。图 6-9 是对某精馏塔进行的声发射检测，图 6-10 中发现下环缝处存在明显的信号异常。对存在应力集中、承受疲劳载荷、几何尺寸异常以及内部存在原始缺陷的焊缝应进行表面检测和埋藏缺陷检测，埋藏缺陷检测可以使用灵敏度高的相控阵检测或者 TOFD 检测；对下封头与裙座之间的焊缝进行表面检测，如有异常应进行埋藏缺陷检测；如果容器存在开裂倾向，应对内表面进行荧光磁粉检测抽查。

图 6-6 甲苯分离塔焊缝的错边超标

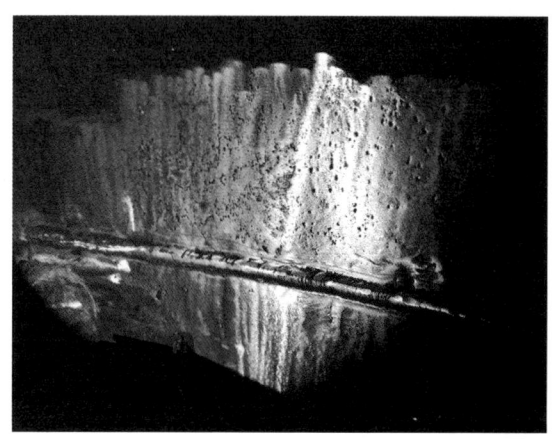

图 6-7 甲苯分离塔内表面存在腐蚀

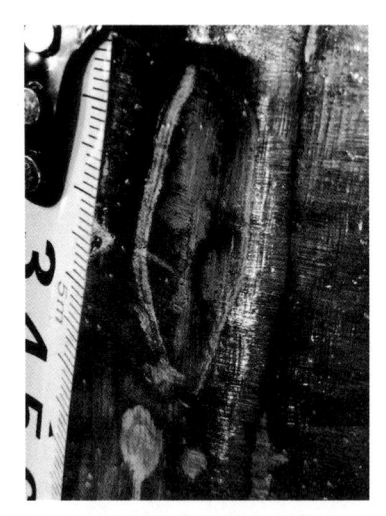

图 6-8 甲苯分离塔内表面存在裂纹

图 6-9 精馏塔声发射检测现场

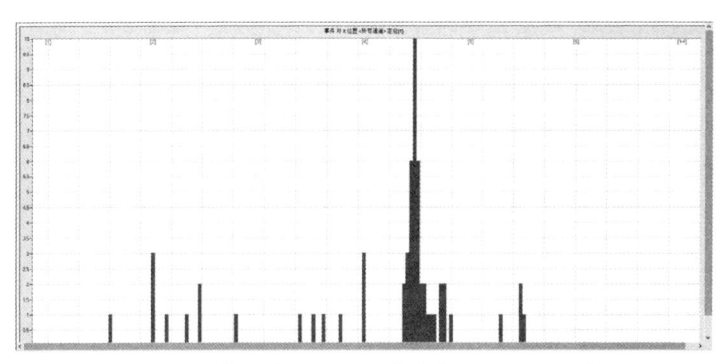

图 6-10 精馏塔下环缝处声发射检测信号异常

（2）检测部位的选取。

要重点关注原始缺陷对塔器失效的影响。塔器受力复杂，除受内部压力外，还受自重、介质载荷，以及风载荷的影响，再加上载荷的周期性波动，这些都会对容器的焊缝产生重大影响。如果焊缝的几何尺寸未超标，但这些部位仍然会存在较大的应力集中，同时如果焊缝中存在超标的原始缺陷，在外部复杂应力的作用下也会导致开裂。特别是风载对容器的影响，应引起足够的重视，检验中如有条件，应对塔器进行应力分析及疲劳分析，评估风载对容器失效的影响，找出影响最大的部位，从而对该部位进行重点检测。我们在对南京某公司的 4 台吸附塔进行检验时，在下封头的应力集中区域的小环缝处发现多条裂纹，4 台吸附塔的缺陷信息如表 6-1 所示。裂纹产生的主要原因是应力水平异常，原始缺陷处产生开裂。修理这 4 台塔器时发现，多处裂纹是在原始缺陷处衍生出来的（图6-11）。应力集中产生的主要原因是筒体内的小裙座与下封头的连接处产生应力集中，而发生开裂的下封头小环缝刚好位于该应力集中区域（图6-12）。图6-13至图6-16是4台吸附塔各缺陷的平面图。图6-17至图6-20是TOFD检测发现的异常图谱。

要重点关注塔器的下封头与裙座之间的焊缝，该焊缝由于承受的应力复杂，往往容易产生开裂。虽然设计时对塔器的风载荷进行了计算校核，从而最大限度地避免风载荷对容器损伤的影响。但是，由于风载荷、实际情况与理论存在偏差，因此风载所导致的失效仍时有发生。特别是下封头与裙座之间的焊缝，在风载荷以及容器自身载荷的作用下，再加上塔底的震动，非常容易由于疲劳而产生开裂。

特别是对于应力异常部位、承受疲劳载荷的部位都应重点检测，对于下封头与裙座之间的焊缝，以及下封头上位与裙座附近区域的焊缝，以及应力集中区域的焊缝，都应进行重点检测。对于存在原始夹渣、气孔等缺陷处应重点检测，对于焊缝的几何尺寸异常的部位、塔体直径变化的部位、塔体厚度不同的部位，都应进行重点检测。

第六章 典型容器的风险识别与控制

表 6-1 4 台吸附塔的缺陷信息

设备位号	DA 601-1A	DA 601-1A	DA 601-1B	DA 601-2A	DA 601-2A	DA 601-2B
缺陷编号	缺陷2	缺陷3	缺陷1	缺陷2	缺陷3	缺陷1
焊缝编号	DA601-1A-F10	DA601-1A-F10	DA601-1B-F10	DA601-2A-F10	DA601-2A-F10	DA601-2B-F10
区段长度/mm	1 660	1 660	1 670	1 680	1 690	1 660
缺陷起始/mm	73～137	911～955	1 620～1 675	1 655～1 690	533～575	595～745
长度/mm	64	44	55	35	41.3	149.6
深度/mm	16.5～26.5	12.6～16.3	22.8～32.5	15.6～24.4	21.9～31.6	14.0～22.3
高度/m	3.9	3.6	5.5	5.9	3.9	9.13
级别	Ⅲ	Ⅲ	Ⅲ	Ⅲ	Ⅲ	Ⅲ
备注	未熔	未熔	裂纹	裂纹	裂纹	裂纹

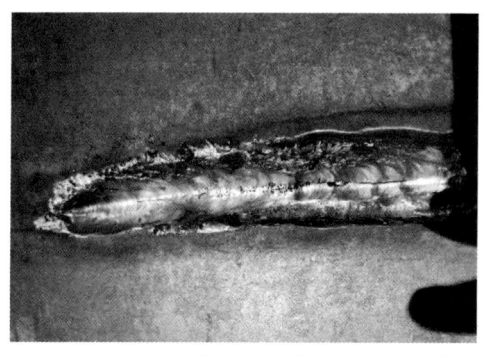

图 6-11 吸附塔焊缝开裂处存在的夹渣

压力容器定期检验中风险识别与控制

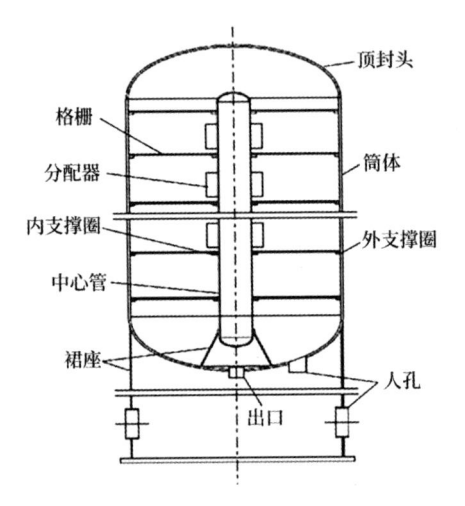

图 6-12 吸附塔的结构示意

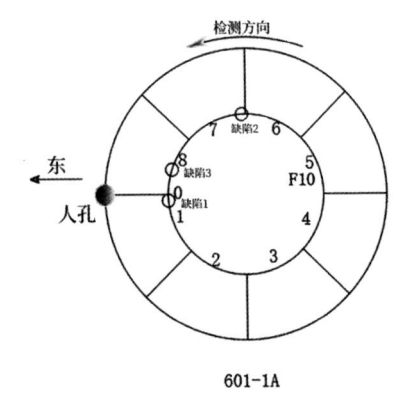

图 6-13 601-1A 缺陷的平面图

第六章 典型容器的风险识别与控制

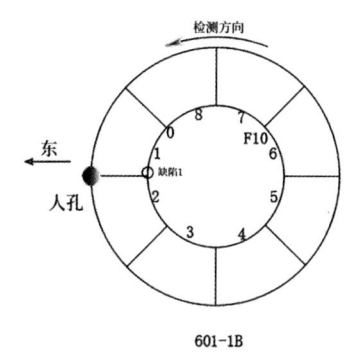

图 6-14 601-1B 缺陷的平面图

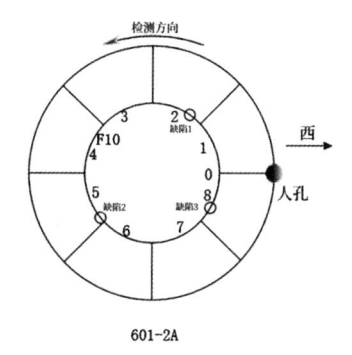

图 6-15 601-2A 缺陷的平面图

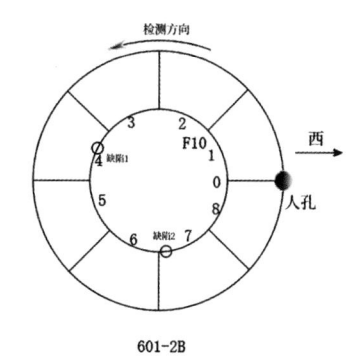

图 6-16 601-2B 缺陷的平面图

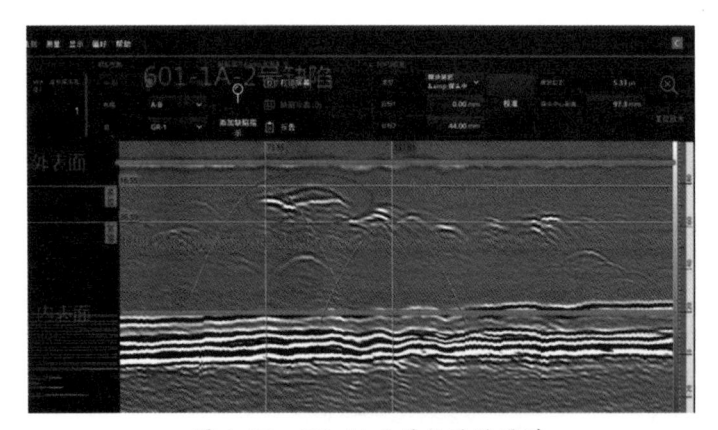

图 6-17　601-1A-2 号缺陷的图谱

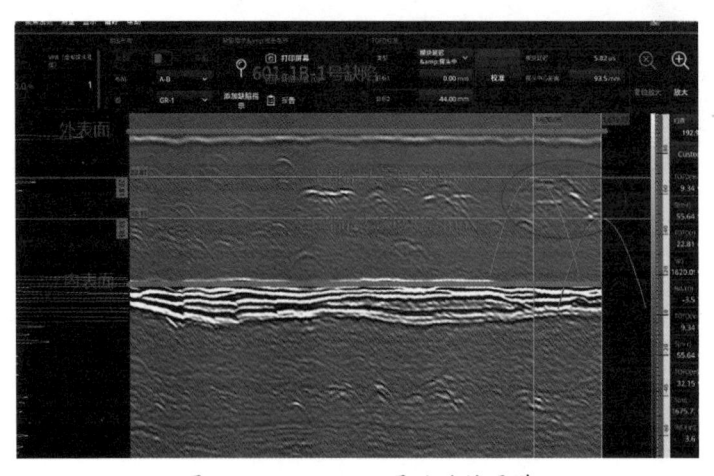

图 6-18　601-1B-1 号缺陷的图谱

第六章 典型容器的风险识别与控制

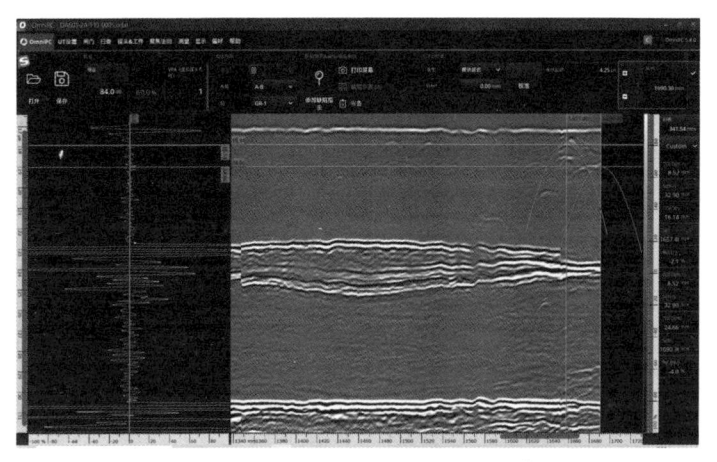

图 6-19 601-2A-2 号缺陷的图谱

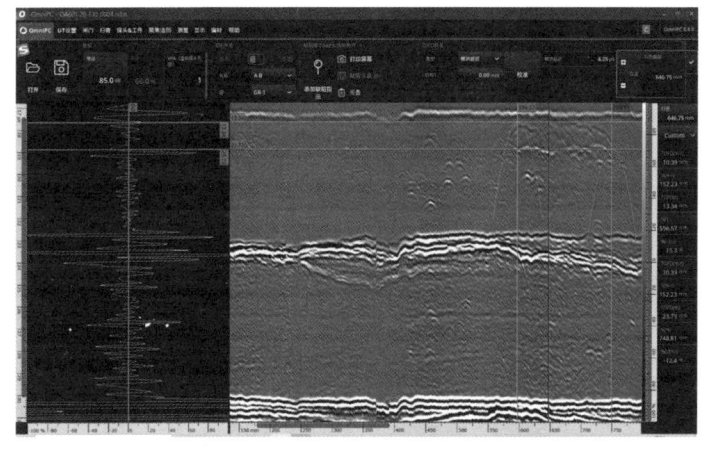

图 6-20 601-2B-1 号缺陷的图谱

（3）检测比例的确定。

塔式容器的整体风险水平高，因此，应提高检测比例，确保检验的可靠性；应根据容器的损伤情况，确定

211

检测比例，如果损伤对容器的危害程度低，可以适当降低检测比例，反之，应适当提高检测比例。特别是应力异常部位、承受疲劳载荷的焊缝，可以通过历次检验报告及资料审查，确认该部位是否存在制造缺陷，如果存在原始缺陷，应加大检测比例。

二、氟化氢容器检验的风险识别及控制

由于氟化氢介质的特殊性，一旦发生事故，将造成重大的人员伤亡和财产损失，严重影响企业的正常生产。氟化氢容器的相关事故已多次警醒我们，对氟化氢容器的检验应小心谨慎，利用多种手段，确保氟化氢容器的检验安全，将氟化氢容器的失效风险严格控制在可控、可接受的水平。

在检验的时候，我们对氟化氢容器往往感觉陌生，最主要的原因是不了解氟化氢容器的工况环境、氟化氢的介质特性以及氟化氢容器的失效损伤模式。为了做好氟化氢容器的检验，有必要对相关的内容了解清楚。

1. *氟化氢介质的特性*

了解介质的特性对容器检验的重要性不言而喻，因为目前的容器检验依然还是基于损伤的检验，对介质不了解，或者一知半解，就无法很好地识别损伤模式，也就谈不上基于损伤的检验了。介质的种类比较多，介质对金属材料的腐蚀特性千差万别，不同的介质对金属材料的腐蚀性不同，就算是同一种介质，不同的浓度、不同的温度，腐蚀性也不相同。所以，我们必须了解清楚不同介质对容器的损伤特性。氟化氢介质的特性主要体现在以下几个方面：

（1）氟化氢的物理化学特性。

氟化氢的分子式为 HF，沸点是 19.51 ℃；密度是 0.922 kg/m^3，不可燃，但是有毒，是高度危害介质。根据氟化氢的沸点和密度可以知道，20 ℃以下的 HF 是液体的，基本没有压力，密度与水差不多，稍微比水轻点儿。

表 6-2 是氟化氢在不同温度下的饱和蒸汽压，也就是氟化氢在不同温度下的压力，我们可以看出，即使在 30 ℃的时候，压力也才 0.11Mpa，如果氟化氢储罐加上隔热棉，那么氟化氢储罐的压力可以经常性维持在 0.10Mpa 以下。

表 6-2 氟化氢在不同温度下的饱和蒸汽压

温度 / ℃	0	10	20	30	40	50	60
饱和蒸汽压 / Mpa	0.03	0.05	0.08	0.11	0.16	0.23	0.33

（2）氟化氢在不同状态下对铁的腐蚀特性。

氟化氢的存在形式有 3 种：气体氟化氢、液体氟化氢和氢氟酸。气体氟化氢也就是较高温度下的纯氟化氢气体，不含氟化氢液体；液体氟化氢也就是通过把温度降低到 20 ℃以下液化氟化氢，得到氟化氢液体；所谓氢氟酸就是氟化氢的水溶液。氟化氢可以无限的比例溶于水。随着浓度的提升，氢氟酸的酸性逐步增强，逐步由弱酸变成强酸，也就是说，稀浓度的氢氟酸是一种弱酸，高浓度的氢氟酸是一种强酸，下面分别介绍不同状态下的氟化氢对金属材料的腐蚀机理和特性。

①氢氟酸。

对于浓度为 0～35% 的氢氟酸（低浓度）是一种弱酸，因为它在水溶液中不能完全电离，不能完全电离的主要原因是，氟原子与氢原子的半径相差较小，其原子间的结合力较强，在水溶液中不容易电离。所以浓度较低的氢氟酸是一种弱酸，但是同一主族的其他酸却都是强酸，因为它们能在水溶液中全部电离。但是随着氢氟酸的浓度增加，其电离度越来越高，其酸性也越来越强，主要是因为低浓度的氢氟酸在水溶液中不易电离。但是，随着氢氟酸浓度的增加，氟化氢电离度不断增加，酸性逐渐增强，对金属的腐蚀也逐步增强。

另外，低浓度氢氟酸要比其他浓度的氢氟酸对铁的腐蚀性要强得多。主要原因：氟化氢与铁反应生成氟化亚铁和氢气，反应生成的氟化亚铁可以作为一种保护膜，阻止氟化氢继续腐蚀里面的金属，但是氟化亚铁有一个特点，就是非常容易融于稀氢氟酸，但是又不融于浓氢氟酸，这就导致在稀氢氟酸环境下生成的氟化亚铁很快地融入氢氟酸中，使铁失去保护膜的功能，从而使里面的金属不断被腐蚀，所以 0 ~ 35% 的氢氟酸对铁的腐蚀性非常强。在高浓度的氢氟酸环境下，氟化亚铁不溶于氢氟酸，氟化亚铁附着在金属表面，阻止氢氟酸继续腐蚀里面的金属，这就是稀氢氟酸比浓氢氟酸对铁的腐蚀性更强的一个重要原因。

对于浓度为 35% ~ 100% 的氢氟酸（高浓度），酸性也是随着浓度的升高而升高的，但是，腐蚀性却逐渐变弱。主要原因：下面两个电离方程是高浓度氢氟酸在水溶液中的主要电离方程。

$$HF \Longleftrightarrow H^+ + F^-$$
$$2HF \Longleftrightarrow H_2F^+ + F^-$$

当氢氟酸浓度超过 35% 的时候，氢氟酸会按照上面两个方程进行电离。随着浓度的升高，第二个方程将逐渐成为主流。

先看第二个电离方程，H_2F^+ 非常稳定，对负电荷非常敏感，可以将负电荷的 F^- 紧紧吸引在自己的周围，从而阻止金属铁被氧化生成氟化亚铁，所以第二个电离方程可以减缓氢氟酸对金属的腐蚀。随着 HF 浓度的升高，第二个电离方程将逐渐成为主流，当氢氟酸的浓度为 100% 时，电离方程完全变成了第二个方程，所以当浓度超过 35% 的时候，虽然氢氟酸的酸性增强，但是对铁的腐蚀性却逐渐减弱。浓度高的氢氟酸的腐蚀性较低的另一个原因就是上面所说的，氟化亚铁不溶于浓氢氟酸，此时氟化亚铁成了一层保护膜，减缓了氢氟酸对铁的腐蚀。其实浓度 80% 以上的氢氟酸对铁的腐蚀已经非常弱了，但是需要注意的是，氢氟酸的温度不能高，如果超过 60 ℃时，作为保护膜的氟化亚铁非常容易脱落，增强了氢氟酸对铁的腐蚀性。

100% 的氢氟酸也就是纯净的液体氟化氢。他的电离方程虽然和高浓度的氢氟酸的电离方程一样，但是本质上并不一样，高浓度的氢氟酸是一种水溶液，含水，在水的作用下是能电离的。但是，无水氢氟酸是在无水的情况下电离的，是一种自耦电子，电离度非常低，所以对铁的腐蚀性微乎其微。

②氟化氢气体及氟化氢液体。

这两种状态下的氟化氢由于不能电离，和铁不能进行电离反应，所以不能腐蚀金属。

（3）氢氟酸对含硅材料的腐蚀。

由于氟与硅亲和力非常强，所以氢氟酸非常容易与含硅材料进行反应。比如金属材料中的强化元素硅、玻璃、搪玻璃、水泥及陶瓷等，但是氢氟酸不能腐蚀塑料、橡胶、石墨等，所以搪玻璃容器不能盛装氢氟酸，因为搪玻璃的主要成分是二氧化硅。但是，可以用聚四氟乙烯衬里和氟塑料衬里的容器、橡胶衬里的容器以及石墨容器。但是需要注意的是，氟化氢气体不会和 Si 发生反应，液体氟化氢可以和 Si 发生反应，主要是因为气体的氟化氢电离不含氟离子,而液体氟化氢却能电离出氟离子。

2. 氟化氢相关容器的工况环境

氟化氢主要用于生产锂电池中的六氟磷酸锂。六氟磷酸锂是电解液的重要组成部分,占电解液全部成本的43%左右。生产六氟磷酸锂的工艺中,主要有氟化氢,还有氯气及五氟化磷,这些都是高度危害介质,非常危险。对氟化氢容器的检验,不但要了解氟化氢的特性,还要了解相关的生产工艺流程。只有搞清楚氟化氢介质的特性,才能识别出容器的损伤模式和失效模式;只有弄清楚相关的生产工艺流程,才能搞清楚相关容器的工况环境。

想对氟化氢容器的工况环境有一个清晰的了解,就必须对相关的生产工艺流程有一个大概的了解,了解了生产的工艺流程,才能搞清楚氟化氢容器的工作参数、工作环境等,这有利于后续的检验。

六氟磷酸锂的主要生产工艺流程有3步:

第一步:制取氟化锂。

碳酸氢锂和氟化氢进行反应生成氟化锂。

第二步:制取五氟化磷。

氟化氢、氯气和三氯化磷反应生成五氟化磷。

第三步:制取六氟磷酸锂。

氟化锂和五氟化磷溶解在无水氟化氢内缓慢生成六

氟磷酸锂。

以上每一个步骤都要用到氟化氢，其要么作为反应物参与反应，要么作为溶剂提供反应环境，氟化氢容器参与大部分生产过程。

在氟化锂的制作工艺中，主要是利用碳酸氢锂和氟化氢生产氟化锂，这里的氟化氢是浓度为50%的氢氟酸，由于腐蚀性太强，所以只能用塑料容器进行储存。这个生产工艺流程中不涉及氟化氢容器。

在五氟化磷的制造过程中，主要是利用氟化氢、氯气和三氯化磷反应生成五氟化磷。氯气储存用的氯气钢瓶，通过管道将氯气输送到五氟化磷反应器中，氟化氢和三氯化磷均通过管道被送入五氟化磷反应器中进行反应，生成五氟化磷。在这里需要注意的是，首先这里的氟化氢是不能含水的，如果含水，就会生成氟和磷的其他化合物，而且生成的五氟化磷如果遇到水会剧烈反应，重新生成氟化氢，所以这里的氟化氢必须是纯净的，不能含水，含水会影响五氟化磷的品质。企业也会实时监测五氟化磷的品质，无水的氟化氢对容器的腐蚀和损伤都极其轻微，这非常有利于容器的检验安全。其次要重点关注五氟化磷反应器，这个容器非常危险，该容器里至少有以下几种介质：氟化氢、氯气、三氯化磷、五氟化磷，以及盐酸气体，五氟化磷和盐酸气体都是生成物，这几种气体的毒性都非常强，万一泄漏，后果非常严重，这就是讲解工艺流程的目的，通过工艺流程我们可以轻易地了解容器内的介质，从而判断容器的危险程度。

在六氟磷酸锂的工艺过程中，主要是通过氟化锂和五氟化磷溶解在无水氟化氢内缓慢生成六氟磷酸锂，这个是核心生产工艺，相关的反应器和结晶器也是企业的核心生产设备。这个生产过程中的氟化氢是不含水的液体氟化氢，氟化氢不参与反应，主要起到溶剂作用，在氟化氢进入反应器之前，氟化氢会先通过换热器，利用液氮把氟化氢彻底液化，如果残存气体氟化氢，就会影响反应效率。

3. 氟化氢相关容器

在六氟磷酸锂的整个生产过程中，主要包括以下几类氟化氢容器：氟化氢储罐（包括车间的氟化氢分离储槽）、五氟化磷反应器、衬聚四氟乙烯的反应器（包括五氟化磷反应塔、主反应器、结晶器）以及其他用于配套的各种换热器。

4. 氟化氢容器的失效和损伤模式

（1）氟化氢相关容器的主要失效模式。

所有相关的氟化氢容器工作压力非常低，氟化氢储罐的压力为 0.10 Mpa，五氟化磷反应器的工作压力为 0.30 Mpa 左右，六氟磷酸锂的各反应器的工作压力为 0.20 Mpa，而且整个生产工艺中相关压力容器中的氟化氢都不含水，避免了氟化氢对容器的相关损伤。基于以上情况，氟化氢相关容器发生强度失效的可能性非常低。由于氟化氢及各介质属于高度危害介质，而且泄漏遇水后形成氢氟酸，具有很强的腐蚀性，一旦泄漏将很有可能造成人员伤亡和相关设备的损伤，因此氟化氢相关容器检验重点考虑泄漏失效。

（2）氟化氢容器常见的损伤模式。

①腐蚀：以均匀腐蚀为主

气体氟化氢、液体氟化氢，以及浓度大于85%的氢氟酸，腐蚀非常轻微，盛装这些介质的容器可以采用碳钢或者不锈钢，但是碳钢效果更好，主要原因是氟化氢与不锈钢中的镍生成的保护膜没有氟化亚铁致密，所以往往选用碳钢盛装高浓度的氢氟酸。

浓度为70%～85%的氢氟酸仍然可以选用碳钢，但是腐蚀速率明显加快，当浓度为75%的时候，氢氟酸对碳钢的腐蚀明显增强，基本为0.5 mm/年；50%～70%的氢氟酸，其腐蚀性进一步增强，浓度在60%的时候，腐蚀速率可以达到1.5 mm/年，这种情况下不能用碳钢或者不锈钢，应用抗腐蚀性能更好的蒙耐尔合金，也就是镍铜合金（Ni为67%、Cu为28%、Fe为2.5%、Mn为1.5%），哈氏合金或因康镍等也都具有较好的抗酸性，50%以下的稀氢氟酸，腐蚀性比较强，为达到较好的防腐蚀效果，可以使用聚四氟乙烯衬里、氟塑料或者石墨容器、衬橡胶容器等，但是不能用搪玻璃衬里。

②氢鼓泡和氢脆

氢氟酸介质与碳钢接触生成氟化铁和氢气，氟化铁是一种致密的锈蚀物，附在金属表面形成一层保护膜，使氟化氢的扩散速度变慢，对设备起到保护作用。但当介质温度超过65 ℃时，该层锈蚀物的保护膜将剥落，导致金属继续被腐蚀。腐蚀反应产生的氢原子对钢材有很强的渗透能力。这种渗透能力与温度有关，温度越高，渗透能力越强。

③氢氟酸致氢应力开裂

主要影响因素：应力和硬度。

5. 氟化氢相关容器的主要检验策略

氟化氢容器的主要失效模式是泄漏失效，所有影响泄漏的因素都应被考虑，主要包括密封面导致的泄漏和焊缝/母材所导致的泄漏。对氟化氢容器的检验，在做好宏观检查、壁厚测定、无损检测、安全附件的检查以及气密试验的基础上，重点做好以下几个方面。

（1）密封面的检查主要是看螺栓是否存在腐蚀和肉眼可见的表面裂纹，避免螺栓在使用中应力腐蚀开裂而导致密封面发生泄漏；检查垫片是否合适、垫片状况是否良好。企业应做好螺栓和垫片等相关密封紧固件的定期检查，确保密封面的性能符合要求。

这是氟化氢储罐的内部宏观检查，其中一层白色的东西就是氟化铁或者更高价的氟和铁的化合物，这层化合物附着在金属表面，阻止氟化氢腐蚀里面的金属。通过对焊缝及焊缝两侧的宏观检查，并没有发现腐蚀导致的肉眼可见的表面裂纹。

（2）焊缝的检查包括对接焊缝和接管角焊缝的检查。

对接焊缝的检查：主要看是否存在腐蚀坑或者腐蚀孔，避免腐蚀而导致泄漏；查看是否有肉眼可见的表面裂纹，避免表面裂纹贯穿导致泄漏；对对接焊缝及接管角焊缝进行表面检测，检测表面是否存在氢氟酸氢致应力开裂。特别是氟化氢储罐，其内表面不能含有水或者油，因此不能进行磁粉或者表面检测，还有各种相关的换热器，由于结构而不能对其内表面的状况进行检查。对于这些容器可以利用 TOFD 或者相控阵检测，通过外表面对内表面进行表面裂纹的检测。图 6-21 是氟化氢储罐的内表面，内部很难清理干净，而且由于工艺需要，内表面不能进行磁粉或者渗透检测，所以采用 TOFD 检测。经过试验验证，可以采用特殊的检测工艺，通过外表面对内表面的裂纹进行检测（图 6-22）。

第六章 典型容器的风险识别与控制

图 6-21 氟化氢储罐的内表面

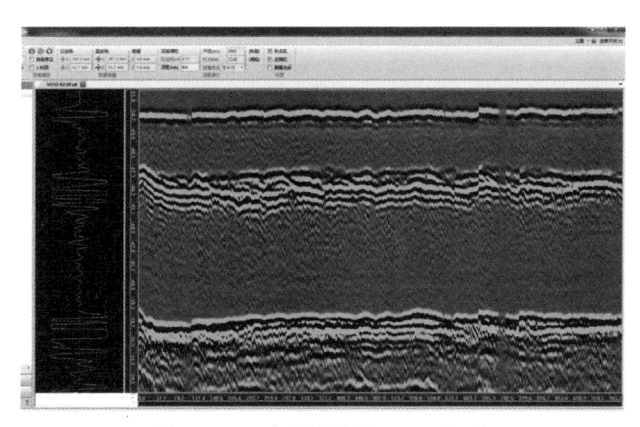

图 6-22 对储罐进行 TOFD 检测

接管角焊缝检查：主要是检查接管是否按照《固定式压力容器安全技术监察规程》的要求进行全焊透；检查接管角焊缝内、外表面是否存在异常；对接管角焊缝进行表面检测，避免角焊缝产生泄漏。

（3）对于衬里的容器的检验，要做好对衬里层的检查，并对衬里层进行电火花检测，确保衬里层完好，防止氟化氢对金属材料的损伤。

氟化氢相关容器的介质毒性较强，但是由于整个生产过程都是无水氟化氢，对容器造成的损伤模式并不复杂，因此失效模式主要是泄漏失效，并且这种泄漏失效可以通过各种手段进行有效控制，所以氟化氢容器的整体风险水平还是可控的。

6. 氟化氢容器的使用管理

通过有效的使用管理可以降低相关容器发生失效的概率及事故的后果。氟化氢容器的使用管理应围绕氟化氢容器的失效特点，制定应急救援措施，现场设置应急设施及各种泄漏检测设备，制定具有针对性的定期自行检查的内容，并通过定期演练不断地修改和优化应急预案，确保应急救援措施的有效性。特别是生产现场，应该根据氟化氢容器的特性，设置高灵敏度的 HF 气体报警仪，定期校准，并由专人定期看管，确保只要有轻微的泄漏就会报警，从而及早发现泄漏；现场设置喷淋装置，同时气体报警仪与喷淋装置进行联动，一旦监测到气体泄漏，就会自动打开喷淋装置，泄漏的氟化氢会溶于水，从而有效控制泄漏范围；气体泄漏检测会启动相关设备，迅速把罐内的氟化氢抽到备用罐，有效降低泄漏的后果。企业还应围绕容器的泄漏特点,做好定期自行检查和日常巡检,重点检查密封紧固件的情况,看看是否存在泄漏迹象;检查现场应急设施的完整性,确保应急设施的有效性;检查容器的保温和防腐情况,确保容器的外表面不会发生严重腐蚀;做好安全附件和仪表的检查,确保容器运行于核定的工作参数范围内;做好容器的整体性检查,一旦发生异常,立即停车。

三、球罐检验的风险识别及控制

1. 球罐风险点的识别

(1)球罐的主要失效模式。

球罐的主要失效模式包括强度失效、泄漏失效和失稳失效。不管是哪一种失效模式,不管其概率是大还是小,一旦发生失效,后果都极其严重。即使没有造成人员伤亡,但造成了企业的停车停产,其经济损失也是比较大的,这种风险也是不可接受的。所以对于球罐检验来说,这三种失效模式都应该引起足够的重视。

(2)球罐的主要损伤模式。

开裂:引起球罐开裂的主要因素有三个:一是材质,二是应力,三是介质。材质对开裂的影响主要体现在两个方面:一个是材料化学成分对开裂的影响;另一个是材料厚度对开裂的影响。化学成分对焊缝质量的影响非常大,合金元素含量越高,碳当量越大,焊接时候越容易出现问题。南通某公司的1台球罐,在前期安装以及定期检验中,都没有出现过问题,但是在后面的定期检验中却反复出现开裂,最主要的问题就是材质问题。该球罐使用的是SPV355材质,这种材质以Si为强化元素,提高了材料的强度,却牺牲了材料的塑性、抗断裂性能及焊接性,导致球罐在后期的使用中,不断出现裂纹。对于材料较厚的球罐,我们在检验中也不断地发现各种缺陷,主要原因就是钢板太厚导致在焊接时非常容易出现淬硬组,比如马氏体。这种组织硬而脆,塑性差,在高应力的作用下,一旦其组织内部的能量聚集到一定程度必然会导致开裂。材料厚度对开裂的影响主要体现在,材料越厚,在焊接时,越容易出现夹渣、气孔等缺陷,这些原始缺陷在长期服役且又处于高应力的环境中时,非常容易衍生新的缺陷。应力水平是影响开裂的一个重要因素,特别是受力复杂的容器,随着长时间的服役,焊缝在存在原始缺陷处很有可能产生开裂。应力高不一定开裂,但是高应力加上原始缺陷,很可能会引起开裂。2023年,我们在扬子石化检验吸附塔时,发现了多处开裂,经过有限元分析,这些开裂刚好处于高应力区域。在维修的时候还发现,有几处开裂就是在原始缺陷处衍生出来的。又如南通千红石化的球罐,其中有2台球罐总是在相似的位置发现开裂,后通过残余应力测试发现,这些地方的残余应力确实存在异常。介质对球罐的影响

第六章 典型容器的风险识别与控制

主要是容易引起环境开裂。比如液化石油气球罐，其杂质含量较高，导致球罐非常容易发生环境开裂。所以，我们对球罐的检验，一定要注意这三个方面的情况，如果存在相应的开裂环境，应该提高埋藏缺陷的检测比例。

腐蚀：腐蚀比较简单，只需按照《承压设备损伤模式识别》（GB/T 30579—2014）的要求进行对照即可，有腐蚀损伤的球罐，应注意做好宏观检查，防止腐蚀坑的漏检，特别是对于球罐的底部、介质容易浓缩的位置、接管角焊缝的内表面都应该好好检查，看看是否有腐蚀坑、腐蚀孔，并通过测厚判断是否存在腐蚀减薄。

（3）造成球罐失效的主要因素。

引起球罐强度失效的因素主要有腐蚀减薄、焊缝的大面积开裂、埋藏缺陷。

引起球罐泄漏失效的因素主要有紧固件失效、腐蚀穿孔泄漏、局部裂纹贯穿、阀门泄漏、接管角焊缝泄漏。

引起球罐失稳失效的因素主要有球罐基础下沉、倾斜、开裂，支柱变形，支柱与球壳板之间的焊缝开裂，等等。

球罐的检验应该紧紧围绕这些潜在的风险点去进行，选择合适的检验手段，以有效降低容器的失效风险。

2.球罐检验策略的选择

（1）为降低泄漏风险所采取的检验策略。

①对接管角焊缝及其结构、紧固件和密封面进行宏

观检测，同时对内表面的腐蚀坑、腐蚀孔也应进行重点检查。

②对接管角焊缝的内表面、外表面进行表面检测。

（2）为了降低失稳风险所采取的检验策略。

①对支柱与求刻板的角焊缝进行100%的表面检测。

②检查球罐基础是否存在开裂等异常。

③检查支柱的铅垂度。对球罐支柱的铅垂度的检测，作业指导书要求必须使用全钻仪或者其他可靠的方法测量支柱的铅垂度。这里一定要注意，球罐的铅垂度要用仪器测量。

（3）为了降低强度失效风险所采取的检验策略。

①检测方法的选取

对于整体性检测手段，我们选用宏观检查，对于工况恶劣的球罐，可以选用声发射检测和应力分析，尽可能地准确找出球罐的异常位置，提高后续检测的针对性。对于精细化的检测手段，可以采取 UT 检测、RT 检测、磁粉检测，对于有焊缝硬度要求的，还要增加硬度检测，对于有材质劣化倾向的球罐，可以进行金相检测。对于重要的焊缝或者重要的位置，可以采用灵敏更高的 TOFD 检测。

②检测比例的确定

宏观检查：主要检查焊缝及其热影响区是否存在异常，主要包括检验腐蚀、机械损伤、明显的表面裂纹等。

第六章　典型容器的风险识别与控制

另外还要对母材区域进行检查。

表面检测：应该对内表面进行100%的检测，主要是为了防止球罐在应力、介质等外部环境的作用下导致表面开裂。

UT及其他埋藏缺陷检测：检测比例不应低于20%。

③检测部位的选取

宏观检查异常部位，并采用其他整体性检测手段检测异常部位。尤其要注意，焊接位置不好的焊缝、上下环缝、球罐的下部焊缝，都是应该优先选择的位置。超声检测异常部位，应进行RT或者TOFD检测进行复验。

3. 加强使用管理，降低容器失效的后果

（1）使用单位应结合球罐的失效特点制订具有针对性的应急预案。

（2）使用单位应定期进行应急演练。

（3）对于盛装易燃易爆、有毒介质的球罐，现场应安装泄漏检测设备及相应的应急救援设施。

（4）使用单位应做好日常巡查。对球罐的密封紧固件、阀门、接管角焊缝进行检查，确认是否存在泄漏迹象；对球罐的压力、温度及所使用的介质进行检查，确保工作参数运行在设计允许的范围内；及早发现隐患，防止事故的发生；检查安全阀及各种仪表是否正常；检查球罐本体是否存在异常；检查球罐的充装量是否符合设计要求；检查球罐的基础及支撑是否存在异常。

（5）使用单位应该针对球罐的失效损伤模式，结合球罐的工况特点制定具有针对性的定期检查内容。做好容器的壁厚监测；定期检查介质泄漏检测设备的灵敏性及其他应急救援措施的可靠性；定期对支柱的沉降进行检测，并做好记录；定期检查球罐密封紧固件及阀门是否定期进行维护和更换；检查是否按时进行应急演练。

4. 球罐检验实例

2022年4月，对南通某公司的1台球罐进行检验，发现了多处开裂，下面对原因进行分析，以供参考。

（1）球罐的基本参数。

设计压力为1.89 Mpa；设计温度为50 ℃；容积为1000 m³；介质为液化石油气；材质为16 MnR；厚度为42 mm；制造单位为上海工业设备安装公司（现为上海市安装工程集团有限公司）。该球罐于1994年9月安装完成，1994年12月投入使用，其详细参数如表6-3所示。

表6-3 球罐的详细参数

制造日期	1994年9月	投用日期	1994年12月
容积	1 000 m³	容器内径	12 300 mm
容器高	14 350 mm	充装系数	0.85
设计压力	1.89 Mpa	设计温度	50 ℃
工作压力	0.80 Mpa	工作温度	常温
材质	16 MnR	厚度	42 mm
介质	液化石油气	腐蚀裕量	1.5 mm

（2）球罐的使用情况及历次检验情况。

2002年3月30日首次进行全面检验，定为1级，未发现任何超标缺陷。

2007年11月6日进行第二次定期检验，定为1级，未发现任何超标缺陷。

2012年11月4日进行第三次定期检验，定为1级，未发现任何超标缺陷。

2017年12月25日进行第四次定期检验，定为1级，未发现任何超标缺陷。

2022年4月20日进行第五次定期检验，发现14处超标缺陷，未对缺陷的原因进行分析，未进行针对性的硬度检测和金相分析，随后对缺陷进行了修理，之后出具了定期检验报告，定为3级。

根据球罐的历次检验情况得知，使用单位对球罐进行了定期检验，并且在前四次的定期检验中均未发现超标缺陷，只是在第五次检验中发现了超标缺陷。

（3）检验发现的缺陷及其他问题。

本次检验编制了专门的检验方案，为了提高检验的针对性，先对该球罐进行声发射检测，找出球罐的异常部位，然后再进行精细化的无损检测。经声发射检测发现了多处异常信号，如图6-23所示为球罐检验现场，图6-24为声发射探头布置示意，图6-25、图6-26为1.6～1.873Mpa第一次和第二次升压过程定位。

图 6-23 球罐检验现场

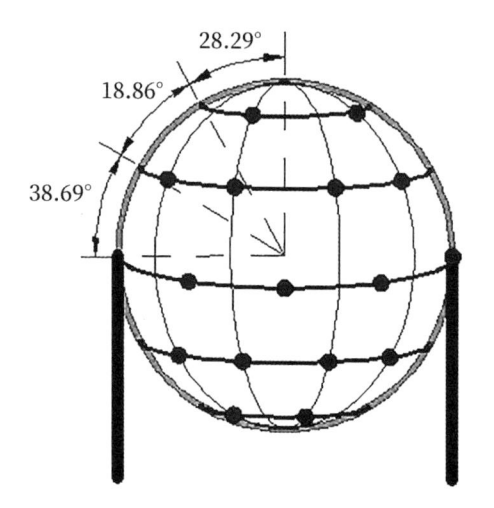

图 6-24 声发射探头布置示意

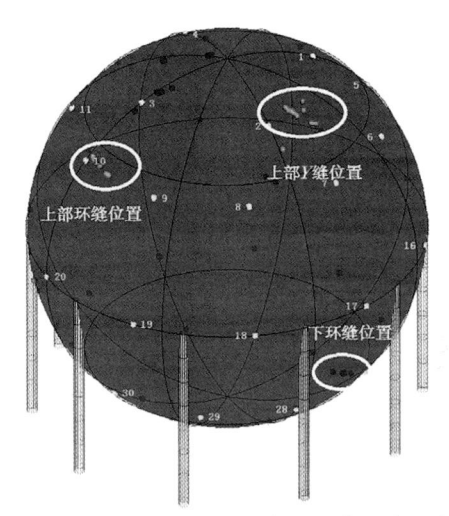

第六章 典型容器的风险识别与控制

图 6-25 1.6～1.837MPa 第一次升压过程定位

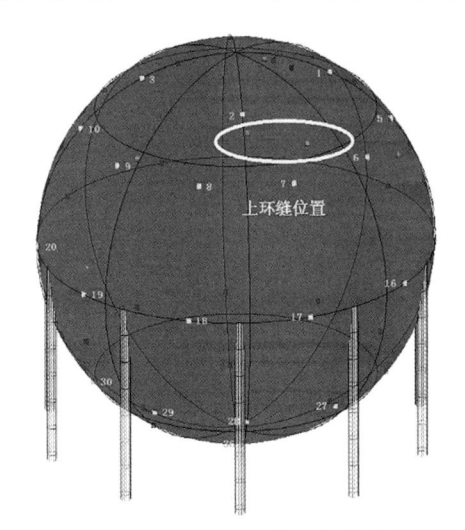

图 6-26 1.6～1.837MPa 第二次升压过程定位

随后对球罐内表面的焊缝进行 100% 的 MT 和 UT 检测，并对疑似缺陷或者是超标缺陷，利用 TOFD 检测进

233

行了复验，共发现13处开裂和1处夹渣超标，TOFD检测的缺陷处图谱1、2分别如图6-27、图6-28所示。在这13处裂纹中，其中7条裂纹，最长20 mm，深度在2～5 mm，这7条裂纹打磨后发现其全部由内表面延伸至焊缝内部。另外6条裂纹，最长170 mm，深度在15～25 mm。

另外现场检查还发现，使用单位在没有设计变更的情况下，擅自将介质液化石油气变成丁二烯，介质的变更属于改造，但是未见相关的手续和文件。

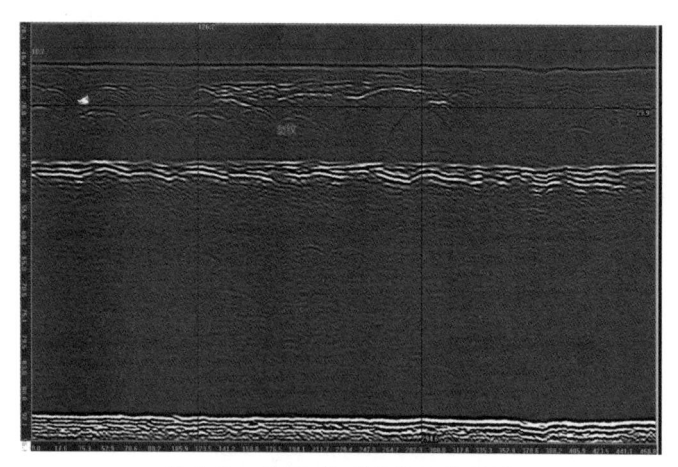

图 6-27　TOFD 检测的缺陷处图谱 1

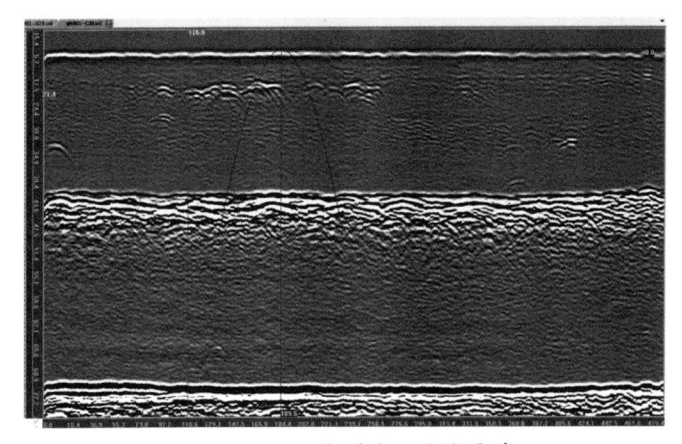

图 6-28　TOFD 检测的缺陷处图谱 2

（4）缺陷的原因分析。

由于使用单位急于恢复使用以及现场条件的限制，未对球罐的开裂原因进行深入的分析，只是利用使用单位的现有资料及以往的运行资料，对开裂的原因进行了简单的分析。

①排除焊接延迟裂纹

不管是表面裂纹，还是埋藏裂纹，这些裂纹都始于内表面，直接与介质接触，那么可以推断，这些裂纹肯定是在使用过程中产生的，也肯定与工况有关，特别是使用介质的影响最大，产生裂纹的最大可能性就是环境开裂。为了确定环境开裂的可能性，我们必须先排除焊接延迟裂纹。

首先，我们对裂纹处及其他焊缝处的热影响区以及母材进行了硬度检测，均未发现异常。

其次，查阅该球罐的制造资料发现，焊接工艺文件齐全，焊接工艺评定报告及焊接工艺卡符合图纸及相关标准的规定，所用的焊材为 J507，强度与母材匹配，且为低氢焊条，完全可以使用。查看焊接记录发现，球罐有完整的焊前预热、焊后缓冷的记录；有详细的焊后热处理记录及热处理曲线，热处理时机符合标准的要求；有完整的 RT 报告，RT 报告无异常。焊接日期为9月，此时南通不属于多雨期，且气温仍然很高，基本可以排除天气条件所造成的焊接缺陷。

由此可以认为该球罐的焊接工艺执行得比较好，焊接不当导致产生淬硬组织的可能性比较小，基本可以排除焊接工艺执行不当导致延迟裂纹的可能性。

②该球罐发生湿硫化氢应力腐蚀开裂的主要原因

通过上文的分析基本可以将这些裂纹定性为环境开裂。湿硫化氢应力腐蚀开裂的原因复杂多样，包括：环境因素，介质含有硫化氢的浓度、含水量、使用温度、设备整体应力水平等；材料因素，比如材料中的固有夹杂物、硫含量以及材料固有的组织缺陷等；制造因素，是否严格执行焊接工艺、是否严格执行热处理、焊缝及热影响区的组织是否符合要求，以及硬度是否符合要求等。导致湿硫化氢应力腐蚀开裂的因素有时候往往是多种因素的叠加，其相互作用导致设备的开裂失效。虽然

第六章 典型容器的风险识别与控制

影响因素复杂多样，我们不可能完全排除某一种因素，但是可以找出影响湿硫化氢应力腐蚀开裂的主导因素，然后采取措施，将这一主导因素降低至合理水平，这将有效降低湿硫化氢应力腐蚀开裂的风险。

根据《承压设备损伤模式识别》（GB/T 30579—2014），环境开裂总共有13种，与该球罐相关的环境开裂就是湿硫化氢应力腐蚀开裂。影响湿硫化氢应力腐蚀开裂的重要因素就是浓度、硬度和应力水平。其中通过硬度检测我们没有发现异常，那么影响该球罐的最重要的因素就是硫化氢的浓度和球罐的应力。

硫化氢的浓度：对于该球罐，由于其产生年代久远，使用单位无法提供历年充装液化石油的硫化氢含量及含水量，但是据使用单位所述，以前的液化石油气品质的确不好，硫化氢含量、水含量肯定很高。对于液化石油气储罐，即使液化石油气的硫化氢和水含量都很低，但是湿硫化氢仍然可以被附着在球罐内壁的水汽吸收，在局部形成腐蚀性较强的湿硫化氢环境，从而对球罐形成局部的腐蚀开裂。另外，我们知道16MnR含有一定的Mn，Mn与杂质元素S形成MnS，MnS与α-铁之间的界面形成很大的空隙，焊接冷却时，这里的氢原子深陷其中，很难溢出，这也是16MnR的结构特性。在以后的使用过程中，遇到硫化氢环境时，焊缝继续吸收电离出的氢，氢在MnS与α-铁之间的界面越积越多，最终

237

形成氢气团，从而导致开裂。

可见，对于 16 MnR 的这种钢板，由于其本身的结构特性，在硫化氢环境中非常容易引起硫化氢应力腐蚀开裂，即使硫化氢的浓度很低，也很容易导致局部开裂。

应力与硫化氢应力腐蚀开裂呈正相关，在其他因素相同的情况下，应力水平越高，越容易引起开裂。引起开裂的应力种类繁多，包括焊接残余应力、薄膜应力、球壳焊缝区的主应力，还包括强力组装所导致的拘束应力等。在制造球罐时，这些应力如果不通过热处理进行消除，将大大提高硫化氢应力腐蚀开裂的风险。

通过审查焊接资料发现，焊接工艺执行得较好，热处理工艺及热处理都符合标准的规定，可以推测焊接残余应力较小。但是，通过对裂纹位置的分析，我们发现多处裂纹的附近有工卡具的痕迹，且工卡具周围有打磨的痕迹，由此推断，在组装球罐时，此处可能存在强力组装，导致焊缝的焊接残余应力大幅增加，从而加大了此处发生硫化氢应力腐蚀开裂的风险；又或者工人在拆卸工卡具时，强力拆卸，导致此处母材被撕裂，产生微裂纹，其在应力和硫化氢的腐蚀作用下，随着裂纹的不断扩展，终于在最近的一次检验中被发现。

通过以上分析基本可以认为，造成开裂的主要原因是，在球罐使用的早期，液化石油气的品质不好，导致液化石油气的硫化氢含量、水含量都超过了正常值，而后又在较高的应力作用下,导致开裂。在开裂的早期,裂纹尺寸较小,或者是受限于无损探伤的灵敏度低,导致在球罐使用的早期裂纹没有被发现。随着裂纹的不断扩展,才在检验中被发现。

参考文献

[1] 谢铁军，刘东学，陈钢，等．压力容器应力分布图谱[M]．北京：北京科学技术出版社，1994．

[2] 余永宁．金属学原理[M]．北京：冶金工业出版社，2000。

[3] 陆明万，罗学富．弹性理论基础[M]．2版．北京：清华大学出版社，2001．

[4] 曾攀．有限元分析及应用[M]．北京：清华大学出版社，2004．

[5] 程靳，赵树山．断裂力学[M]．北京：科学出版社，2006．

[6] 余伟炜，高炳军．ANSYS在机械与化工装备中的应用[M]．2版．北京：中国水利水电出版社，2007．

[7] 方洪渊．焊接结构学[M]．2版．北京：机械工业出版社，2013．

[8] 张文钺．焊接冶金学（基本原理）[M]．北京：机械工业出版社，2017．

[9] 王宗杰．熔焊方法及设备[M]．2版．北京：机械工业出版社，2016．

[10] 崔忠圻，刘北兴．金属学与热处理原理[M]．3版．哈尔滨：哈尔滨工业大学出版社，2007．

[11] 胡赓祥，蔡珣，戎咏华．材料科学基础[M]．3版．上海：上海交通大学出版社，2010．

[12] 李彦宏，刘宇虹，曹金龙．特种设备风险管理体系构建及关键问题探究[J]．中国质量监管，2023（12）：74-75．

[13] 潘伟，龚维立，刘子慧，等．特种设备风险控制管理模

型研究[J]. 安全与环境学报, 2024, 24（3）: 1096-1105.
[14] 宋文明, 郭强, 柳楠, 等. 特种设备基于风险的管理[J]. 石油化工设备技术, 2022, 43（1）: 63-66.